# 中国儿童地图百科全书

## CHINESE CHILDREN'S MAP ENCYCLOPEDIA

中国大百科全书出版社

**图书在版编目（CIP）数据**

地球三极探险／《中国儿童地图百科全书》编委会
编著．--北京：中国大百科全书出版社，2020.8
（中国儿童地图百科全书）
ISBN 978-7-5202-0789-8

Ⅰ．①地…　Ⅱ．①中…　Ⅲ．①极地－探险－儿童读物
Ⅳ．①N816.6-49

中国版本图书馆CIP数据核字（2020）第120201号

# 中国儿童**地图**百科全书·地球三极探险

中国大百科全书出版社出版发行
（北京阜成门北大街17号 电话 010-68363547 邮政编码 100037）
http://www.ecph.com.cn
小森印刷（北京）有限公司印刷
新华书店经销
开本：635毫米×965毫米　1/8　印张：12
2020年8月第1版　2020年8月第1次印刷
印数：0001～7000
ISBN 978-7-5202-0789-8
审图号：GS（2019）6069号
定价：75.00元

秦大河

姚檀栋

高登义

位梦华

李栓科

北极，南极，青藏高原，
地球勇士挑战极限。
从巴伦支三次北极探险，
到库克横跨南极圈荒野冰原，
再到中国登山队珠峰勇攀！

出发，是他们永恒的信仰，
探险，是他们不朽的梦幻。
用珍贵的生命证明大自然的狂野与脆弱，
以非凡的意志演绎地球的高旷与辽远。

亲爱的小读者，
生命的强音在呼唤，
未知世界发出了邀请函。
让我们沿着勇士的脚印，
再次踏上地球之巅，
重温那部铿锵史诗与别样浪漫！

# 打开地图看世界

你好！我是林定炫，今年 25 岁。小时候旋转地球仪时，我总会被它两端的蓝色和白色吸引：那是神秘而寒冷的北极和南极。老师告诉我地球还有第三极，就是中国的青藏高原。兴趣之门由此打开，我开始了旅行和探险，足迹越来越远，目标是地球三极。2011 年，我参加了中国中学生首次南极科学考察，在南极大陆聆听着海浪与海鸟共奏的交响乐。同年夏天，我参加了中国中学生北极科学考察和青藏高原科学考察。在北极，我们小心翼翼地近距离观察北极熊，向科学家请教极地动物的生活习性等知识。在珠穆朗玛峰，中国科学院青藏高原研究所的老师指导我们打冰芯、取样，告诉我们冰雪样本分析的原理与技术。如今我已工作，有关三极之行的回忆总能让我冷静地面对挑战。你是否也对神秘的三极感到好奇：人类何时首次踏足三极？他们在挑战极限时有哪些经历？准备好了吗？跟我一起开始探险吧！

## ● 知识主题

每个展开页的标题就是一个知识主题，每个知识主题都会围绕一个知识信息展开介绍，在这里你可以学到有关地球三极的地理、历史、生态等知识。

## ● 不可不知

不看不知道，三极真奇妙。通过这个版块，你可以更详细地了解一个时代、一个事件、一个地方、一种动物或一个人。

## ● 谁在说

这也许是书中最有趣的版块啦。我们请来了许多科学家和探险家，甚至还有亲身前往极地探险的青少年。他们会向你讲述自己在地球三极的探险故事，和你分享与北极熊擦肩而过时的惊险刺激，徒步穿越南极的艰苦卓绝，登顶珠穆朗玛峰时的心潮澎湃。地球三极有多美。听听他们怎么说！

# 横穿南极

自从人类抵达南极点以来，穿越南极更成为许多探险家的目标和愿望。第二次世界大战后，在南极大陆四周，陆续有许多国家建立了考察站，而南极大陆的腹地仍是一个谜。1958 年 3 月，维维安·富克斯率领的英联邦南极远征队，从威德尔海出发，到达南极点后继续走到罗斯海，完成了人类对南极的第一次穿越。为富克斯提供支援的埃德蒙·希拉里从麦克默多湾出发，在南极点与富克斯会师。1989 年，美国和法国联合发起，组织了一支考察队，准备完成人类历史上第一次徒步横穿南极大陆的创举。这支考察队由中国、美国、苏联、英国、法国、日本各派一名人员组成，时任中国科学院兰州冰川冻土研究所副研究员的秦大河代表中国加入了国际徒步横穿南极考察队。这次考察，旨在向全世界展示多年来各国在南极考察活动中遵循的"合作、和平与友谊"的精神，呼吁国际社会对地球上最后一块原始大陆的关注和珍爱。考察队的口号是：保护我们的星球。科学家们在极端恶劣的环境下，对气候变化和南极冰盖的关系进行了科学研究工作。

**国际徒步横穿南极考察队**制订了详细的行动计划，包括横穿南极路线、日程表等，他们计划于 1989 年 11 月 23 日到达南极点，1990 年 2 月 7 日到达终点，途中有 17 次修整，最终，考察队历时 220 天，行程 5896 千米，横穿南极大陆，是宣示人类团结协作的一次壮举。

● 1989 年 7 月 28 日，考察队 6 名队员驾驶 3 架雪橇，从南极半岛顶端的海豹岩出发，开始了他们的艰险征途。纵横交错的冰隙、积雪覆盖的嶂沟，都深达数米甚至数十米，队员们用雪杖击冰探路，谨慎行进，一旦遇上南极的暴风雪，能见度只有 10 来米，有时他们一天只能前进 2000～3000 米。

● 1989 年 12 月 12 日，考察队到达南极点，比原计划提前了 8 天，队员们登上地球极点，亲眼看到了太阳永远不在同一高度绕天边转圈的奇景。当他们穿越南极点时，温度为 -40℃。

● 在考察队里，只有中国队员秦大河和苏联队员马雅尔斯基有科学考察任务，他们比别人付出了更多的劳动。晚饭后，秦大河扛着冰镐和铲子观测冰川、采样，在缺氧、低温、饥饿、疲劳的状况下，秦大河用冰镐挖几下就要喘气憋久，这次南极之行，秦大河共采集 800 多瓶雪样，搜集了大量有关南极冰川、气候、环境的资料，圆满完成了从南极半岛经南极点至和平站的雪层大剖面的观测任务。

● 1990 年 3 月 3 日，考察队胜利抵达终点苏联和平站，6 名来自不同国家的考察队员，凭着艰难走过，6 个国家的国旗在南极点同时展开，宣示着各国团结、探索的南极精神。

考察队到达终点

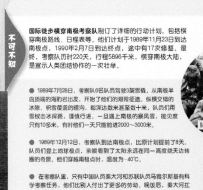

队员们在风暴中进餐

## 谁在说

你好！我是秦大河，今年72岁，参加横穿南极探险队时我42岁，从海豹岩出发时，我还不会滑雪。在南极长途探险，没有滑雪板是不堪设想的，我只有一种选择，在行进中学会滑雪，沙莱斯是我的滑雪教练，他手把手地教我，不厌其烦地跟我讲，我连跑带摔，一同每天只能滑行一小时，一个月后可以全天滑雪了。最难忘的是那些勇敢的北极犬，它们从北极的家乡更冷的南极，每天奔跑不停，小小的脚掌被磨破了，对付寒冷的南极，我们把伤势严重的大狗在雪橇上前进，晚上再对受伤的精心护理。这些犬性格倔强，伤势一旦好转又地起插身，项并在眼上，我们把伤势严重的大狗在雪橇上前进，晚上再对它们精心护理。明的组织纪律、队员们坚韧的毅力和协作精神，北极犬的协助、先进的装备等，都很重要，到项目至此，北极犬在南极大陆已经无了，我们的横穿方式不可能"复制"。如果你有南极探险和科学研究的梦想，希望你从现在起就要做好准备。

## 超级视听

　　这个版块设置了12段精选视频，内容是有关地球三极的各种故事。这些视频会让你对三极有更直观的认识，变平面阅读为立体观感。南极浮水下有怎样的世界，飞越珠穆朗玛峰是怎样的感受？扫一扫这里的二维码，你就能找到这些问题的答案。

## 按图索骥

　　这是一个最能锻炼地理思维的版块。这里的内容涉及地图知识、历代重要探险和登山路线、科考站分布、生物圈和人文地理等，所讲的知识都会配有相关地图或图片。

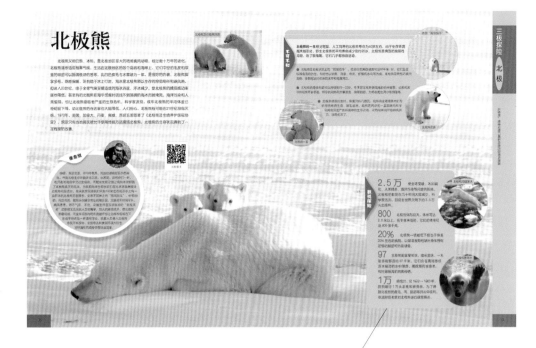

## 数说探险

　　"8844.43"是个举世闻名的数字，它代表世界最高峰珠穆朗玛峰的高度。在"数说探险"里，你能看到许多这样的数字，它们串起了相关的知识内容。

## 档案栏

　　这里是书的微型"窗口"，是探险路线和统计数据的"聚集地"。通过这个版块，你不仅可以把握探险家的动向，还能更好地了解地球三极的地理景观、生态资源、人文风貌、科考成果等。

## 你知道吗

　　在地球三极广袤无垠的土地上，留下了无数勇士的足迹。在这里，你可以从不同的视角了解地球三极，领略三极之美。

# 图例

| | |
|---|---|
| 洲界 | – – – |
| 国界 | —— |
| 居民地 | ● |
| 河流、湖泊 | 〰 |
| 山峰 | ▲ |
| 运河 | ⊢⊢⊢ |
| 铁路 | ▬▬ |
| 公路 | ▬▬▬ |
| 北极点 | ☀ |
| 北磁极 | ☀ |
| 南极点 | ☀ |
| 南磁极 | ☀ |
| 冰架 | ⌒⌒⌒ |
| 船 | ⛵ |
| 飞机 | ✈ |
| 雪橇 | 🛷 |
| 雪地车 | 🏍 |
| 步行 | 👣 |
| 面积 | ◣ |
| 人口 | 👥 |
| 最高点 | ▲ |
| 最低点 | ▼ |
| 方位 | ▦ |
| 外文名 | Name |
| 民族 | 👤 |
| 建立时间 | 🧭 |

# 目录

## 超级视听

一物降一物

北极猎手

雪橇之旅

北极狐的一天

南极卫生间

南极浮冰

南极贼鸥

企鹅育儿记

南极夏日

冰原上的生命

飞越珠穆朗玛峰

高原雪豹

# 北极东北航道

因纽特人的祖先古代亚洲人很早就到达了北极地区，他们渡过白令海峡在北美洲北极地区定居。公元前6世纪，在"地理大猜想时代"，古希腊人毕达哥拉斯第一个断言"地球是圆的"。公元前331年，古希腊航海家毕则亚斯为了寻找锡和琥珀，向北极进发，成为第一个进入北极圈的人。15世纪，在"地理大发现时代"，极地探险首先从离人类更近的北极展开了。《马可·波罗游记》出现后，欧洲探险家纷纷向东方寻宝。为了寻找从欧洲以北到达中国的更短航线，在16世纪后的300多年里，各国探险家前赴后继，逐渐形成并打通了北极东北航道。英国人和荷兰人是16~17世纪探险的主力，威洛比、巴伦支等人付出了惨重的代价，也为后人奠定了基础。进入18世纪，以白令为代表的早期探险家登上了极地探险的舞台。1879年，芬兰探险家诺登斯科德成功穿越东北航道，至此北极东北航道探索任务终于完成。东北航道大部分处于北极圈内，西起挪威北角附近的欧洲西北部，向东经过俄罗斯北部沿岸和白令海峡进入太平洋，到达东方。其后，探险家开发了更多的航道，施密特和沃罗宁还实现了历史上首次不越冬的北极穿越。到了21世纪初，随着全球气候变暖、海冰融化，北极东北航道成为一条初具规模的国际商业航线。

白令

不可不知

威廉·巴伦支是荷兰航海家，1594~1597年进行了3次北极探险，试图穿越东北航道，但均告失败。他绘制了精确的海图，积累了大量气象数据，被公认为最重要的早期北极探险家之一，他所留下的北极地图成为东北航道探险的必备指南。

巴伦支

● 在第一次探险中，巴伦支率领两艘船离开阿姆斯特丹，到达新地岛西岸后继续北航，临近其最北端时被迫折返。

● 在第二次探险中，巴伦支率领七艘船直穿亚洲海岸与韦加特岛之间的海峡，但始终未找到北极东北航道。

● 在第三次探险中，巴伦支发现了熊岛和斯瓦尔巴群岛，到达北纬79°49′，创造了最新的最北纪录。船队被封冻在新地岛数月，巴伦支在返航途中病逝。为纪念他，新地岛和斯瓦尔巴群岛之间的陆缘海被命名为"巴伦支海"。

探险队搭建临时避难所

● 在被困新地岛近10个月的时间里，巴伦支及船员们靠打猎取食，燃烧甲板取暖，没有动用过船上所载的货物，即使其中有可以救命的药材和食物。这种行为开创了荷兰人诚实守信的经商理念。

白令海峡是亚洲大陆东北端与北美洲大陆西北端之间的狭窄海峡，连通北冰洋与太平洋，由丹麦探险家维他斯·白令发现。1725~1741年，为了完成彼得大帝交付的"确定亚洲和美洲大陆是否连在一起"的任务，白令3次前往欧亚大陆最东端考察，他还发现了阿留申群岛和阿拉斯加。为纪念他，后人以他的名字命名了白令海峡、白令海、白令岛和白令地峡。

**奥图·尤里耶维奇·施密特**是苏联探险家。1929~1930年，他率领探险队乘坐破冰船，在法兰士约瑟夫地群岛建立了首个北极科学考察站。1932年，施密特的探险队乘坐"西比里亚科夫号"蒸汽破冰船，与船长弗拉基米尔·沃罗宁历经65个昼夜，从阿尔汉格尔斯克经东北航道到达彼得罗巴甫洛夫斯克，这次航行是历史上首次从阿尔汉格尔斯克到太平洋不停航、不越冬的单一季节远航。

"西比里亚科夫号"纪念邮票

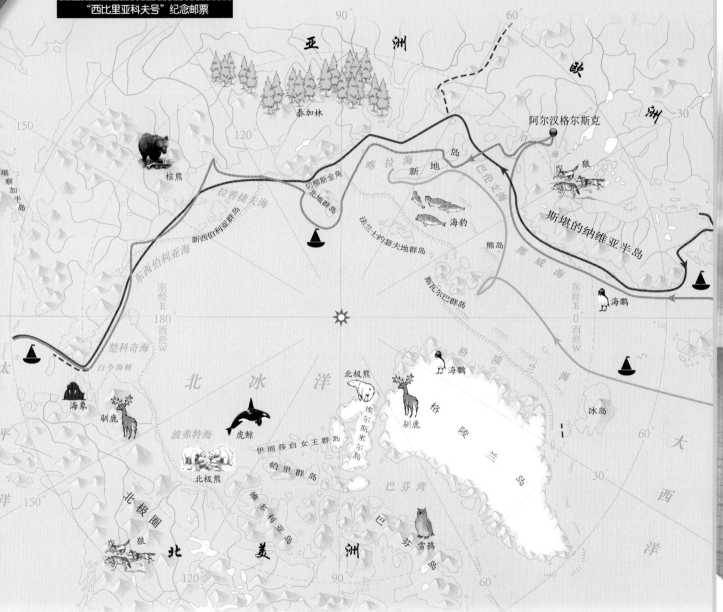

亚 洲
欧 洲
泰加林
阿尔汉格尔斯克
棕熊
喀拉海
新地岛
切柳斯金角
北地群岛
拉普捷夫海
狼
埃兰士约瑟夫地群岛
海豹
斯堪的纳维亚半岛
新西伯利亚群岛
东西伯利亚海
熊岛
挪威海
海鹦
楚科奇海
斯瓦尔巴群岛
白令海峡
东经E 180 西经W
东经E 0 西经W
海象
海鹦
海鹦
北冰洋
北极熊
冰岛
驯鹿
格陵兰岛
驯鹿
太平洋
波弗特海
虎鲸
埃尔斯米尔岛
北极熊
伊丽莎白女王群岛
帕里群岛
巴芬湾
大西洋
北极圈
维多利亚岛
巴芬岛
雪鸮
狼
北美洲

**休·威洛比**是英国探险家。1553年，他率领3艘船及115名船员，从泰晤士河出发开启北极东北航道探险。受风暴和逆流的影响，船队被中途拆散，有两艘船最终到达了俄罗斯白海沿岸北德维纳河河口，威洛比和船员们被困在附近并丧生。虽然这次探险损失惨重，但是他们发现了新地岛等其他一些小岛，探明了挪威北部的海岸线，开启了英国与俄罗斯间的海上通商之路。

威洛比

**阿道夫·埃里克·诺登斯科德**是芬兰地质学家、矿物学家、探险家。1878~1879年，他率领国际科学探险队从挪威北部出发进入白令海峡，完成了自西向东的东北航道穿越之旅，成为打通北极东北航道的第一人。他曾两次试图到达北极点，但都失败了。他收集的地图和地理作品被视为世界上最重要的文献集之一。

诺登斯科德

按图索骥

# 北极西北航道

富兰克林

16世纪，随着北极东北航道探险受挫，探险家们把目光转向了西北航道。西北航道位于北极圈以北，是世界上最险峻的航线之一，也是连接亚洲和北美洲东部最短的航道。15世纪末至16世纪初，自哥伦布开始，无数英勇的探险家尝试打通这条航道，很多人最终被寒冷的气候或疾病夺去了生命。1818年，为了开发北极商业贸易线路，英国相继派遣帕里和富兰克林等人探险，直到1854年麦克卢尔真正发现西北航道。冰冷的西北航道从戴维斯海峡开始，经过丹麦的格陵兰岛、加拿大北部的北极群岛、美国阿拉斯加北岸的波弗特海以及白令海峡，连接大西洋与太平洋，它使鹿特丹到西雅图的航程比经巴拿马运河航线缩短了很多。相比于北极东北航道，西北航道的冰情更为严峻，但商业价值更高。随着全球变暖，西北航道的经济与军事意义将越来越重大。

**威廉王岛**位于维多利亚岛和布西亚半岛之间，1830年被罗斯发现，以当时在位的英国君主威廉四世之名命名，是英国探险家约翰·富兰克林航海记录被发现之地。富兰克林参加过3次北极西北航道的探险，证实了西北航道的存在，被誉为"海洋极地探险事业的先驱者"。1845年7月，他的探险队在第三次远征中失踪。为了寻找他们，人们开始了极地探险历史上时间最长的搜寻。后人发现，富兰克林船队部分船员被葬在了威廉王岛和比奇岛，但富兰克林本人的遗体未被找到。

**不可不知**

**富兰克林探险队的覆灭**是英国航海史上最惨烈的事故之一，129名经验丰富的船员无一生还。1845年5月，富兰克林率领"恐怖号"和"幽冥号"信心满满地出发，船队于7月进入北极海域后神秘消失，再无踪迹。船体配备了先进的螺旋桨推进器，用来清理冰块；船上储存了充足的食物和物资。

富兰克林遇难纪念碑

● 自1848年，为查明富兰克林船队失踪真相，40多支救援队先后涌进北极地区。直到2014年，加拿大宣布找到沉船的残骸。水下机器人拍回的照片显示，这两艘船只保存完好，储藏室、板架上仍有大量餐盘。

● 经过100多年的探索，富兰克林探险队失踪的事故轮廓被大致还原：1846年9月，船队在维多利亚海峡被冰块包围；至1848年4月，富兰克林和23名船员陆续死于维多利亚海峡；剩余的105名船员被迫弃船登上天寒地冻的威廉王岛。

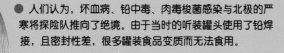

《极地恶灵》剧照

● 人们认为，坏血病、铅中毒、肉毒梭菌感染与北极的严寒将探险队推向了绝境。由于当时的听装罐头使用了铅焊接，且密封性差，很多罐装食品变质而无法食用。

● 2018年，美国剧集《极地恶灵》播出。这一剧集就是以富兰克林北极探险事件为史实蓝本而改编的。

按图索骥

**威廉·爱德华·帕里**是英国探险家。1819～1825年，帕里3次去北极西北航道探险，发现了梅尔维尔岛和威灵顿海峡。他穿过哈得孙海峡在南安普敦岛上过冬时，借助于因纽特人的地图，绘制了极有价值的北极海岸线路图。1827年，帕里到达距北极点800千米之处，这是当时最接近北极点的地点。

帕里

**詹姆斯·克拉克·罗斯**是苏格兰海军军官。1831年，罗斯发现北磁极点。他曾参与帕里的北极西北航道探险。1848年，他率领探险队沿西北航道去寻找失踪的富兰克林，但没有成功，在冬天被困在了兰开斯特海峡。

罗斯

欧洲

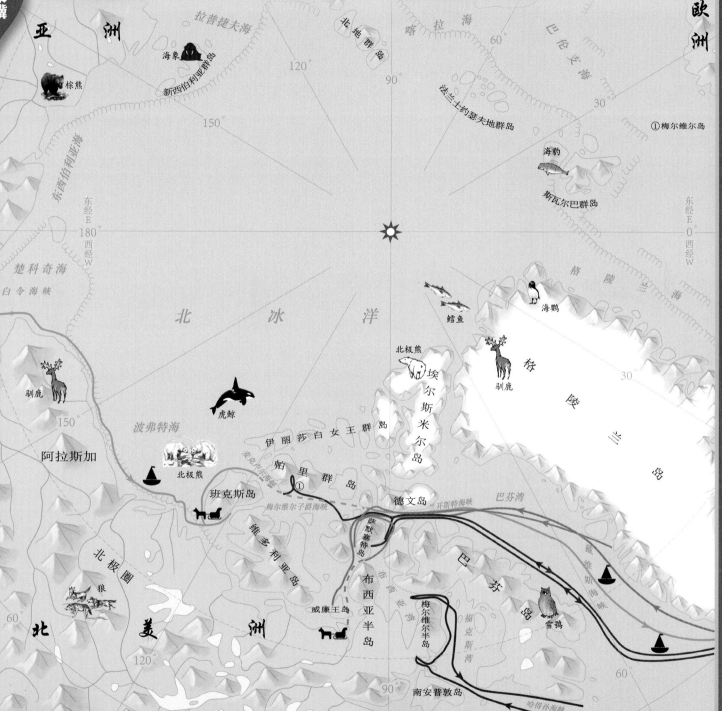

亚洲

北冰洋

拉普捷夫海

海象

棕熊

新西伯利亚群岛

120

北地群岛

90

喀拉海

60

巴伦支海

30

法兰士约瑟夫地群岛

① 梅尔维尔岛

海豹

斯瓦尔巴群岛

东西伯利亚海

东经E 180 西经W

鳕鱼

海鹦

格陵兰海

东经E 0 西经W

楚科奇海

白令海峡

北极熊

驯鹿

格陵兰岛

30

驯鹿

虎鲸

波弗特海

阿拉斯加

北极熊

麦克卢尔海峡

伊丽莎白女王群岛

埃尔斯米尔岛

帕里群岛

班克斯岛

梅尔维尔子爵海峡

①

萨默塞特岛

德文岛

兰开斯特海峡

巴芬湾

维多利亚岛

布西亚半岛

布思亚湾

戴维斯海峡

北极圈

狼

北美洲

威廉王岛

梅尔维尔半岛

巴芬岛

雪鸮

150

驯鹿

120

90

福克斯湾

60

南安普敦岛

哈得孙海峡

**罗伯特·麦克卢尔**是英国探险家。他于1848年、1850年两度参与富兰克林探险队的搜索。人们认为麦克卢尔证明了北极西北航道的存在。1850年，他出海向东深入到达班克斯岛，船队在此被冰封，他弃船乘坐雪橇向东前行，1853年被皇家海军救援队所救。他被困的海峡被命名为"麦克卢尔海峡"。

麦克卢尔

**弗朗西斯·利奥波德·麦克林托克**是英国探险家。1857年7月，麦克林托克启航去寻找富兰克林，一直勘探到了威廉王岛。1859年秋天，他的船队陷入海冰中达242天。其间，他在一堆石标中发现了两条重要信息，一条为富兰克林的一位船员于1847年5月28日所留，上书"一切顺利"；另一条留于1848年4月25日，证明富兰克林已经去世。

麦克林托克

帕里 1819～1820年
罗斯 1848～1849年

帕里 1821～1823年
麦克卢尔 1850～1854年

富兰克林 1845～1848年
麦克林托克 1857～1859年

# 西北航道首航成功

阿蒙森雕像

    自北极西北航道在19世纪末被发现以来，穿越西北航道成为很多探险家的目标。1903～1906年，挪威探险家阿蒙森用3年的时间，完成了自东向西的西北航道首次完整航行。阿蒙森在威廉王岛被困两年，对当地进行了科学考察，他与因纽特人成为好朋友，学习到了至关重要的极地生存技能。经过艰险的航行，阿蒙森探险队抵达阿拉斯加海域，遇见了一艘向北航行的捕鱼船，确认完成了这次探险。至此，困扰人们几百年的北极西北航道终于被人类穿越。加拿大探险家斯蒂芬森于1913年开始极地航行，但他被围困在班克斯岛、帕里群岛和梅尔维尔岛之间，最终没能完成西北航道的贯穿之旅。

练习驾驭犬拉雪橇

## 不可不知

**第一个穿越北极西北航道的人是阿蒙森。**阿蒙森一生致力于极地探险，是极地探险史上最伟大的探险家之一。他还是抵达南极点的第一人，也是第一批乘飞机飞越北极的人。

● 阿蒙森从少年时代就树立了做一名探险家的梦想。他在自传里写道："我15岁时得到了一本有关富兰克林事迹的书籍，狂热地迷恋上了这本书，它奠定了我的人生轨迹基础。至此，我便义无反顾地决定成为一名北极探险家，更重要的是，我开始为探险家的生涯做准备。"

● 1903年，阿蒙森的6人探险队乘坐的船只"约阿号"，是一艘改装过的单桅风帆船，排水量只有不到50吨，小巧结实。阿蒙森认为探险队规模越小，机动性越强。

● 被困威廉王岛时，阿蒙森探险队得到了因纽特人的帮助。他们学习因纽特人的极地生存技能和经验，使用极地犬拉雪橇，学习滑雪和捕鱼，食用鲜肉以避免坏血病，利用海豹、海象或鲸的皮制作燃料，还模仿因纽特人的穿着。

● 1925年，阿蒙森同美国探险家林肯·埃尔斯沃思飞到距北极约270千米处。1926年，他飞越北极到达阿拉斯加。1928年，阿蒙森在营救失事的航空师时，不幸遇难身亡。

察看水上飞机

## 你知道吗

★ 康有为被认为是有据可查的进入北极的中国第一人。1908年，他写下《携同璧（康有为女儿的名字）游挪威北冰洋那岌岛颠，夜半观日将下没而忽升》一诗，描述了自己看到的奇景："夜半十一时，泊舟登山，十二时至顶，如日正午。顶有亭，饮三边酒，视日稍低如暮，旋即上升，实不夜也，光景奇绝。"据现代专家考据，他看到的午夜太阳如正午的现象，是极地特有的极昼现象，他到过的那岌岛处于北极群岛中，位于北纬74°～81°，在北极圈内。

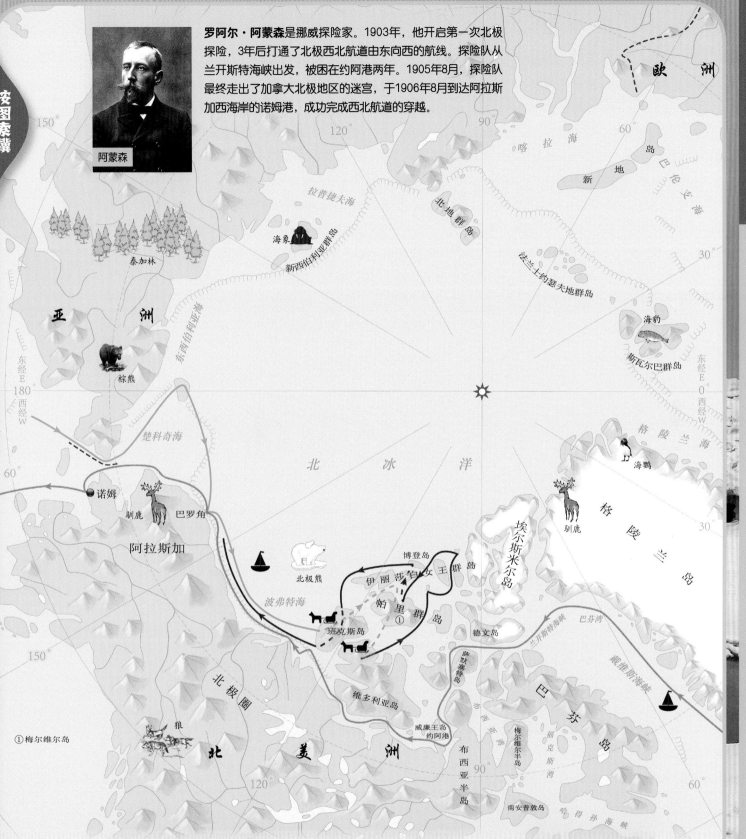

**罗阿尔·阿蒙森**是挪威探险家。1903年，他开启第一次北极探险，3年后打通了北极西北航道由东向西的航线。探险队从兰开斯特海峡出发，被困在约阿港两年。1905年8月，探险队最终走出了加拿大北极地区的迷宫，于1906年8月到达阿拉斯加西海岸的诺姆港，成功完成西北航道的穿越。

阿蒙森

① 梅尔维尔岛

**菲尔加摩尔·斯蒂芬森**是加拿大探险家。1904~1918年，斯蒂芬森在北极地区进行了多次旅行，他的民族学研究具有极高的文化价值。1913年6月，斯蒂芬森率领加拿大北极探险队开始极地探险之旅。1914年年初，探险队到达了巴罗角，向当地人学习了捕猎、建房等极地生存技能。同年3月，探险队在海面冰封前顺利抵达班克斯岛。1915年年初，探险队开始尝试向北探索，但是由于受到了海冰阻碍，他们不得不在8月底返航至维多利亚岛过冬。1916~1917年，斯蒂芬森带领探险队再次向北进发，先后发现了梅根岛、洛希岛和博登岛。1918年，探险队成功返回加拿大。

斯蒂芬森

按图索骥

# 穿越北极

18世纪，人类的北极探险有4个主要目的——寻找北磁极、探索东北航道、探索西北航道、到达北极点。至19世纪末，除了到达北极点，其他3个目标都已实现。当时，许多人还在猜测北极点究竟是在陆地上还是在深海中，早期探险家甚至认为极北地区没有冰，结果发现那里到处都是海冰。1773年，英国探险家康斯坦丁·菲普斯到达斯瓦尔巴群岛，被海冰阻止无法继续向北行进。1827年，英国探险家帕里到达北纬82°45′，他创造的最北纪录50年内都未被超越。挪威探险家南森设计了独特的船随浮冰漂流计划，于1896年最终抵达法兰士约瑟夫地群岛，虽然他没有最先到达北极点，但对以后的北极科学考察贡献极大。20世纪，到达北极点成为各国竞争的目标。1909年9月，美国探险家皮尔里和弗雷德里克·库克都声称抵达了北极点，孰是孰非至今未有定论。此后，随着科学技术的进步，北极探险考察也进入了新阶段。直到1969年，英国探险家赫伯特从阿拉斯加出发，经北极点到达斯瓦尔巴群岛，成为第一个无争议的经北冰洋步行抵达北极点的人，北极地理发现终于迎来了新的时代。

"南森"纪念邮票

## 不可不知

**先到北极点之争**发生在皮尔里与库克之间，是因1909年9月争当到达北极点第一人而引发的争论，到底谁在说谎成为当时美国及国际舆论关注的话题，人们对这场争论的兴趣甚至超过了北极本身。随着人们对北极地区的深入了解和对两人证据的诸多考证，二人均受到了质疑。

● 皮尔里声称，他在第三次探险中到达北极点，有他的助手和4个因纽特人同行，并提供了照片为证。他的声明曾经几乎被全世界所承认。20世纪80年代，人们对他的探险日志及新获得的文件进行了考证，发现皮尔里可能实际只到达了距北极点50~100千米的地方。

● 库克声称，他已于1908年4月21日到达北极点，并提供了因纽特人的证词与探险记录。但库克的因纽特人同伴后来宣称他停在了极地以南几百千米的地方，库克探险队的照片也确切地显示出他们离北极点的距离还很远。

● 虽然皮尔里在当时的美国国会投票中获得胜利，但是后来人们发现库克所说的更接近真相。1916年，国会授予皮尔里海军上将头衔时，未提及他是到达北极点的第一人。

**法兰士约瑟夫地群岛**是北冰洋巴伦支海北部俄罗斯的岛群，85%的地面被冰川覆盖，无定居居民。南森在这里被遇到的船只带回挪威。

皮尔里北极探险新闻报道

## 你知道吗

★1926年，阿蒙森第一次驾驶可操纵的飞艇降落在北极点。

★1958年，美国潜艇"鹦鹉螺号"第一次开往北极点进行冰下航行，开创在冰下用潜艇进行北冰洋考察的先河。

★1978年，日本探险家植村直已乘雪橇从格陵兰岛北部出发，到达北极点，成为人类历史上只身到达北极点的第一人和首位到达北极点的亚洲人。

★1986年，法国医生让·路易斯·艾蒂安创造了第一次靠人力滑雪到达北极点的纪录。

南森

**弗里乔夫·南森**是挪威探险家、海洋学家。1888年，他远征格陵兰岛，徒步横越格陵兰腹地冰层。他确信，北极盆地覆盖了大片随海流漂移的浮冰，据此制订了漂流计划。1893年，他乘坐自己设计的"前进号"船只，沿西伯利亚海岸东行，船航行至北纬84°4′后，南森计划使用犬拉雪橇前往北极点。1895年4月初，南森和队友到达北纬86°13′。同年7月，他们回到杰克逊岛，极度恶劣的天气使他们在这座岛上艰难地度过了一年的时间。1896年8月，南森获救，并搭乘英国探险队的船回到瓦尔德；8月21日，南森和他的探险队终于在特罗姆瑟会合。南森漂流计划根据多年的观测资料和研究结果设计，比较符合科学规律，一直被沿用至今。南森还研究了漂移船上测量海流的方法，发明了南森采水器等。

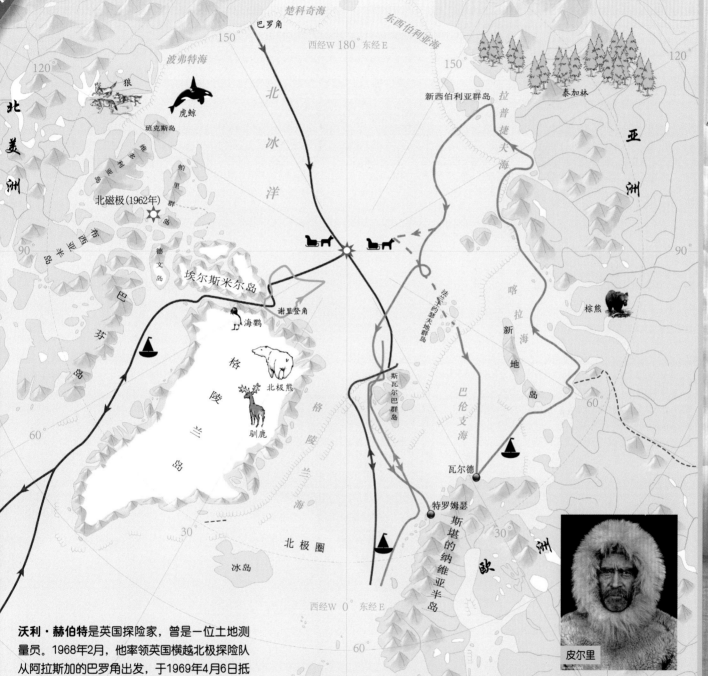

**沃利·赫伯特**是英国探险家，曾是一位土地测量员。1968年2月，他率领英国横越北极探险队从阿拉斯加的巴罗角出发，于1969年4月6日抵达北极点，随后继续向南行进，5月到达斯瓦尔巴群岛。当赫伯特以为到达北极点时，他给女王伊丽莎白二世拍发了电报，事实上他还有几千米才到北极点。他不得不加快步伐，以保证女王收到电报时他已到达北极点。赫伯特的穿越北冰洋之行共行进了5825千米，是历史上人类在雪橇上的最长一次旅行。

**罗伯特·皮尔里**是美国探险家。一般人们认为他率领的探险队最先到达北极点。1891年，皮尔里乘雪橇旅行2100千米到格陵兰岛东北部，发现了独立峡湾，证实格陵兰岛是一座岛屿，并研究了一个与世隔绝的因纽特人部落。其后，他发起了3次到达北极点的冲刺。1898～1902年，他考察了从格陵兰岛西北部和加拿大西北地区去北极点的路线；1905～1906年，他航行到谢里登角，由于天气等原因只到达北纬87°06′；1908年，他从埃尔斯米尔岛出发进行第三次尝试，宣称于1909年4月6日到达北极点。

# 北极科学考察

随着北极的地理发现，人类对北极腹地的认识越来越全面。探险中，有的科学家已经做了一些海洋学、地质学等学科的考察，这些科学考察意义重大，但规模有限。随着时间的推移，人类对这一地区的考察越来越全面、深入。1882～1883年，第一次国际极年规定瑞典、法国等国家可以在环南极圈和环北极圈设立观测站，做统一规定时间的观测和记录。1932～1933年的第二次国际极年与1957～1958年的国际地球物理年期间，环北极各国在北冰洋沿岸地区建立了多个科学考察站。这时的考察主要围绕环境、气候、地貌、生物、生态等开展，考察工具增加了飞机、核潜艇、破冰船、极地卫星等，考察活动逐渐正规化、现代化和国际化。迄今为止，世界各国在北极建立了北极陆基考察站、北冰洋浮冰漂流考察站和环北极生物观测站等共约200个北极科学考察设施。考察发现，北极的冻土带存储有大量的地球环境信息，能帮助人们了解气候变化和环境变迁过程，为未来预测提供参考依据。丰富的生物资源和特殊的自然环境，为生命起源考察、太空生存模拟实验等提供了条件。

科考队进行科学考察

**不可不知**

**北极浮冰站**是建在浮冰上的科考站。浮冰站的建设步骤有选择浮冰、飞机探查、建立后勤基地、准备物资和设备等。科考员一般选择厚度大于3米、表面平坦、冰基厚实的多年浮冰建站。浮冰站会随着浮冰而漂流，科考员在漂流沿线采集相应的数据。通常浮冰站可工作2～3年，个别冰基特别坚实的考察站，可连续工作5～6年或更长时间。

● 后勤基地是浮冰站的后勤保障，一般建在北冰洋沿岸地带，基地有飞机跑道、交通工具、科研设备、安全急救设施和生活住房。

● 因漂流期间冰基断裂解体、夏季浮冰融化等问题，浮冰站可能会遭遇危险。北冰洋气候、海流的变化会使浮冰产生裂缝，冰块在漂移期间可能会相撞、叠置而出现冰堆或冰丘，此外，夏季温度升高会使冰基表面融化。如果浮冰站遇到问题，考察队员通常会更换营地或等待营救。

● 美国是最早在北极浮冰上进行科学考察的国家。苏联建立了世界上第一座浮冰站——"北极-1号"。有些国家在北极建立了多个浮冰站，以美国和俄罗斯的浮冰站居多，两国共建有数十个浮冰站。

在浮冰上搭建营地

**谁在说**

你好！我是效存德，今年51岁。1995年春天，我参加了中国首次远征北极点科学考察。这次考察很重要，起到了为中国到北极考察"探路"的作用。我们从加拿大进入北纬88°北冰洋冰面，然后以徒步和犬拉雪橇的方式到达北极点。这是中国人首次进入北冰洋核心区域，实地开展成规模的科学观测。我的任务是观测海冰及其上覆积雪的物理特性，采集样品以分析北极污染状况。这次考察路程虽不算长，但险象环生，我们遭遇了海冰剪切带、冰裂隙、极端天气等困难，所幸无人员伤亡。这次考察也为1996年中国加入"国际北极科学委员会"取得一块宝贵的"敲门砖"。其后，我多次赴格陵兰冰盖、阿拉斯加等北极地区考察，研究气候和冰冻圈变化。近年来，我的同事和研究生随"雪龙号"再次光临北极点附近区域，对比两个时期的资料，我们认识到当今北极变暖已经让海冰变薄变脆，再开展当年的徒步考察变得越来越难，或许是不可能了。北极变暖让我非常担忧那些北极熊，失去海冰对它们而言就是失去家园。将来，如果夏季无冰的"蓝色北冰洋"真的到来，北极乃至地球环境将会遭遇什么？这值得我们警惕！

美国尖峰营地站建于1989年，坐落在格陵兰冰盖最高点附近，是北极地区唯一的高海拔、高纬度、内陆常年观测站。1947年，美国在阿拉斯加成立海军北极研究所，于1952年在北极建立"T-3"浮冰站。1958年，美国核潜艇"鹦鹉号"第一次从冰下穿越北极点。1960年，美国发射了气象卫星，开始实施极地轨道环境卫星计划。现在，美国在北极有3个考察站。

英国北极科考站建于1991年，是英国在北极建立的唯一一个考察站，位于斯瓦尔巴群岛新奥尔松。考察站通常在每年3～9月开放，主要承担北极生态、水文和气象等研究工作。第二次世界大战后，英国重新开始重视北极的科学研究。1988年，英国海军的核潜艇进入北极。

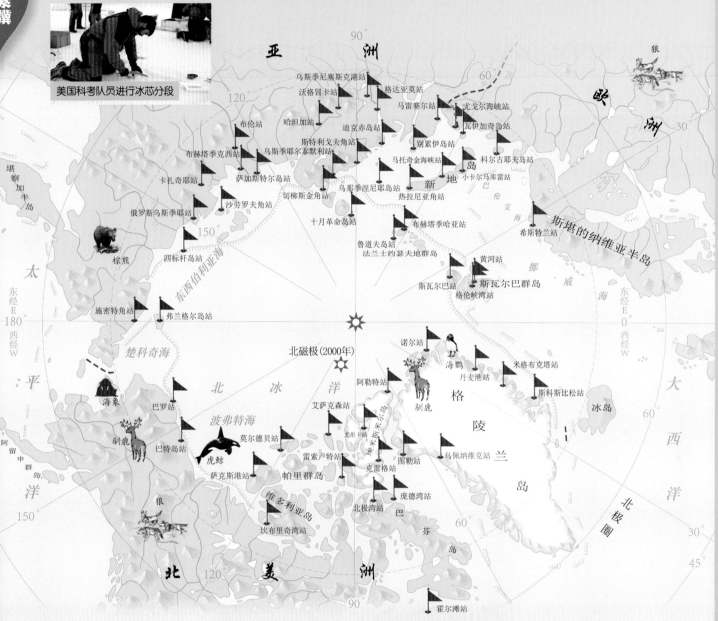

美国科考队员进行冰芯分段

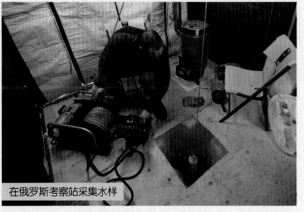

在俄罗斯考察站采集水样

加拿大高纬度北极科考站位于加拿大纳努武特自治区的剑桥湾，2012年开始建立，2017年正式使用，面积7000多平方米。1914～1915年，加拿大在蒙特利尔建立了北冰洋研究小组，后设立了北极东部研究小组、极区海域生物研究所以及海冰研究中心。1984年，加拿大从日本购买了两座极地环境下的海上石油钻井平台，用于开发加拿大北极水域的石油资源。加拿大在北极有13个考察站。

俄罗斯东北科考站建于1989年，位于俄罗斯科雷马河，是一个研究碳循环、古代气候和生态系统变化的常年观测站。1934年，苏联运输船被困浮冰中，为营救104名旅客和船员，苏联开展了第一次北极大规模空运活动。1977年，苏联破冰船"北极号"第一次冲破冰层到达北极点。俄罗斯在北极有9个考察站，在北极大气、地磁、生物多样性、水文研究等方面取得了丰富的研究成果。

# 《斯瓦尔巴条约》

斯瓦尔巴群岛位于北冰洋上，地处北极圈内，气候寒冷，60%以上的土地被冰层覆盖，是最接近北极的可居住地区之一。斯瓦尔巴群岛有着丰富的自然资源，17世纪初成为重要的捕鲸中心，20世纪初成为煤矿开采地。几个世纪以来，英国、荷兰、丹麦和挪威等国都对斯瓦尔巴群岛提出过主权要求。1920年2月9日，法国、英国、美国、丹麦、荷兰、挪威、瑞典、意大利和日本等国在巴黎签署了《斯瓦尔巴条约》。1925年8月14日，比利时、中国、罗马尼亚等29个国家加入后，《斯瓦尔巴条约》更加具有权威性，此后成员国数量没有再增加。根据《斯瓦尔巴条约》，挪威对斯瓦尔巴群岛拥有主权，成员国在斯瓦尔巴群岛上拥有自己的权利和义务，成员国公民不仅可以自主进入、停留在岛屿和领水内，还可以在遵守挪威法律的前提下，从事一切海洋、工业、商业活动，进行科学考察。斯瓦尔巴群岛就此成为北极地区第一个，也是唯一一个非军事区。1925年，北洋政府代表中国签订了《斯瓦尔巴条约》，为中国在斯瓦尔巴群岛建立科学考察站提供了法律依据。1991年，中国科学家高登义参加国际北极科学考察时，得到《斯瓦尔巴条约》原文。经过多年筹备，2002年7月，"中国伊力特·沐林北极科学探险考察站"的建立，对中国在北极建站起到了促进作用。2004年7月，中国在新奥尔松建成第一个永久性北极科考站——中国北极黄河站。

《斯瓦尔巴条约》签署代表合影

**高登义**是中国完成地球三极科学考察的第一人，先后组织并参加地球三极科学考察约40次。1991年，他受邀赴北极参加挪威、苏联、中国和冰岛四国国际北极科学考察，在《北极指南》中发现了《斯瓦尔巴条约》原文，确认了中国已于1925年成为《斯瓦尔巴条约》的成员国且可以在斯瓦尔巴群岛上建立科学考察站。最终，在中国的支持和挪威政府的帮助下，2002年，高登义率队在斯瓦尔巴群岛的首府朗伊尔宾建立"中国伊力特·沐林北极科学探险考察站"。1966年、1968年和1975年，他先后3次参加对珠穆朗玛峰的科学考察，发现了珠穆朗玛峰山地在大气和大气环流中的重要作用。1966~1984年，高登义为中国登山队攀登珠穆朗玛峰和南迦巴瓦峰主持天气预报工作。1985年、1988年，高登义两次赴南极进行科学考察。

斯瓦尔巴群岛
Name The Svalbard Archipelago

自20世纪90年代起，中国根据《斯瓦尔巴条约》，开始**筹建中国北极科考站**。1991年，中国科学院重大科研项目"极地与全球环境变化"专门设立了"斯瓦尔巴群岛建站调查研究"子课题。1993年，中国科学技术协会批准成立了北极科学考察筹备组。

中国科学家在挪威

● 1995年，中国科学院与挪威交流，商讨中国在北极建站的事情。同年，由秦大河、高登义等人组成的中国科学院6人小组，在美国参加了中国科学家申请加入国际北极科学委员会的答辩。1996年，中国成为国际北极科学委员会第16个成员国，为中国科学家进入北极研究提供了重要途径。

● 2001年，挪威驻中国大使馆正式邀请中国赴北极斯瓦尔巴群岛建站。2001年10月，中国北极科考队确定在斯瓦尔巴群岛首府朗伊尔宾建立中国第一个北极科学探险考察站。

确定建站地址

● 2002年7月，中国科学探险协会在朗伊尔宾建立"中国伊力特·沐林北极科学探险考察站"。中国的第一个北极科学探险考察站建成，中国科学家开始有了自己的北极研究基地，这对加快建立中国永久北极科学考察站起到了极大的促进作用。

中国北极科学探险考察站

东经10°～35°，北纬74°～81°

6.25平方千米

▲ 1717米

约3000人

**斯瓦尔巴群岛**位于斯堪的纳维亚半岛和北极之间，1194年为北欧海盗最早发现，之后逐渐被人们遗忘，直到1596年荷兰航海家巴伦支寻找由北方通往中国和印度的"东方航线"时被重新发现，最大岛屿是斯匹次卑尔根岛。岛上动植物资源十分丰富，有苔藓、地衣、矮桦等160多种植物，海鸥、海鸠等160多种鸟类，还有北极熊、北极狐、驯鹿、海豹、海象、鲸、红鲑鱼等多种动物。挪威在这里建立了国家公园、自然保护区和鸟禁猎区等，全岛近65%的地区受到保护。岛上还有煤、磷灰石、铁、石油和天然气等矿藏。斯瓦尔巴群岛人口季节波动很大，夏季有大量的旅游者和各国科学考察人员进入。现在，它是北极探险、科学考察的中心之一，9个国家在这里建立了10多个考察站。

# 中国北极科学考察

中国参与北极事务由来已久。1925年，中国加入《斯瓦尔巴条约》，正式开启参与北极事务的进程。1950年后，武汉测绘学院、中国科学院大气物理研究所等单位的科技工作者先后来到北极进行了考察。1995年，在中国首次远征北极点科学考察活动中，中国科学家和媒体记者共25人从加拿大进入北极，最终有7人徒步抵达北极点。1996年，中国加入国际北极科学委员会，此后中国的北极科研活动日趋活跃。1999年，首次国家北极科学考察活动的开展，标志着中国正式进入北极科考时代，中国以"雪龙号"科考船为平台，进行科学考察。2002年，中国民间科学考察队在斯瓦尔巴群岛进行考察，建立了一个小型考察站。2004年，"中国北极黄河站"建立。截至2019年，中国已成功开展了10次北极科学考察和15个年度的黄河站站基科学考察，在北极地区逐步建立起海洋、冰雪、大气、生物、地质等多学科观测体系，并发起共建"冰上丝绸之路"项目。2018年，中国和冰岛共同筹建的中—冰北极科学考察站正式运行，这是中国继黄河站之后的又一个北极综合研究基地。中国科学家还开展了多次浮冰站科学考察活动，进行冰芯钻取、海冰观测、气象观测等科学试验。

**"苹果房"**是在2010年中国第四次北极科学考察中增添的新装备，由钢化玻璃等材料特制而成，用来躲避可能出现的北极熊的侵袭。中国第四次北极科学考察完成了130多个海洋站位的综合调查、9个短期冰站考察和1个为期13天的长期冰站考察，回收了中国第一套观测周期超过1年以上、线长1300米的极地深水潜标，并首次独立到达北极点。

**位梦华**是中国地质学家，是中国首次远征北极点科学考察队总领队，是第一个进入南极中心地区的中国人。从1991年到现在，位梦华先后9次进入北极进行综合性科学考察，共在北极居住了3年多时间。1995年4月23日，25名中国首次远征北极点科学考察队队员进入北极圈，其后8名队员在冰上行走，向北极点进发。他们跨越了30多条冰裂缝，在13天后踏上北极点。1995年5月6日，考察队胜利到达北极点，把五星红旗插到北极点的冰面上。考察队员还在北极地区开展了冰雪、海洋、大气、环境等多项考察，取得了原始科学资料和样品。

不可不知

**中国北极黄河站**建于2004年7月28日，是中国在北极建立的第一个常年科学考察站，主要研究北极环境、气候与全球变化的关系，位于斯瓦尔巴群岛的新奥尔松。它是一个综合科考平台，在这里科考人员可以开展高空大气物理观测、气象观测、GPS卫星跟踪、冰川监测、地球环境变化考察等项目。

中国黄河站

● 黄河站的建立标志着中国成为第8个在斯瓦尔巴群岛建站的国家，这是中国继南极长城站、中山站之后的第3个极地科考站。

● 黄河站与南极的中山站磁纬度几乎相同，基本都在磁纬75°左右，拥有全球极地科考站中规模最大的空间物理观测点，可实现南极、北极极光的同步观察对比，为空间物理学的研究提供了独特条件。

● 黄河站建有两层房屋，包括实验室、厨房、车库、宿舍、阅览室、储藏室等，以及开阔平坦的场地。黄河站常年保持4～6名工作人员，最多可供20人工作和居住。

在黄河站看极光

## 你知道吗

★ 第一个到北极考察的中国人是武汉测绘学院的高时浏，他于1951年夏天到达北磁极（北纬71°，西经96°）进行了地磁测量科研工作。

★ 第一个到达北极点的中国人是新华社记者李楠。1958年11月，他乘坐"伊尔-14"飞机，先后到达苏联"北极七号"浮冰站与北极点，完成了北极考察，并出版《北极游记》。

★ 第一个在北极展示中国国旗的中国人是高登义，他于1991年8月参加北极浮冰考察，首次在北极地区展开了中国五星红旗。

★ 第一个到达北极点的中国女性是香港记者李乐诗，她于1993年4月乘飞机到达北极点，并在北极点上首次展开了中国国旗。

# 北极地区

　　北极地区主要由一片被几个大陆所包围的大洋盆地构成，北极的中心地区不存在陆地，而是终年被冰层覆盖的大洋。北极地区地处高纬度，包括北冰洋的绝大部分、海冰区、岛屿，以及欧洲、亚洲、北美洲在北极圈以内的陆地，绝大部分陆地被冰雪覆盖。这里气候严寒，日照稀少，多暴风雪，夏季潮湿多雾，全年雨量较少，主要有环北极北方森林区和苔原区两大植被区。受植被与气候的影响，越往北动物越稀少，以北极熊、海豹、鲸等最为著名。北极地区的石油、天然气、煤炭和金属矿物资源的蕴藏量十分丰富，富含地热能、风能等清洁能源。全球有加拿大、丹麦、芬兰、冰岛、挪威、瑞典、俄罗斯和美国共8个环北极国家的领土自然延伸到北极圈以内。

"雪龙号"在北纬87°

　　**北冰洋**是世界最小、最浅、最冷、近于封闭的海洋。它以北极为中心，位于地球最北端，广布有常年不化的海冰。北冰洋11月至次年4月为冬季，最冷月份（1～3月）平均气温约为−40℃。北冰洋占北极地区面积的60%以上，是北极系统的主体，被亚欧大陆和北美大陆所环抱，通过狭窄的白令海峡与太平洋相通，通过格陵兰海和许多海峡与大西洋相连。北冰洋包括格陵兰海、挪威海、巴伦支海、拉普捷夫海、东西伯利亚海、楚科奇海和波弗特海等8个附属海，总面积不到太平洋的10%。

不可不知

　　**北极地区的战争**主要是第二次世界大战期间，在环北极国家发生的战争。北极的极端天气和环境对参战国家的作战产生了重要影响，也对战争结局起到了关键作用。

战争期间的小难民

● 1939年11月，苏联对芬兰发动了进攻。战争主要发生在苏芬边界的芬兰境内，战时正逢一年中昼间最短的季节，漫长而严寒的冬季风大雪多、气温极低。芬兰人熟悉地形并擅长冬季作战，苏联初期未占优势，后期才突破了芬兰防线。苏芬战争导致芬兰被迫屈服割地，还丧失了北冰洋唯一的出海口贝柴摩。

● 1941年6月，苏联和德国在北冰洋海域发生战争。北极航线是盟国援助苏联的主要路线，德国为了切断北极航线，向苏联的重要北冰洋港口发起进攻。在严寒天气下，由于德军对北极海域的气象和冰情的了解不足等原因，在异国他乡作战的德国最终失败。

● 1943年5～8月，美国为收复被日本占领的阿图岛和基斯卡岛，实施了收复阿留申群岛战役。阿留申寒冷的天气和特殊地形给美国军队带来很大挑战，他们以极大代价收复了两座岛屿，消除了日本对北太平洋和阿拉斯加的威胁。这场战争也是第二次世界大战中唯一在美国领土上进行的陆地战斗。

**北磁极**是地球两个磁极之一，即磁轴与北极地表的交点。连接地球南北两磁极的轴线称为磁轴，磁轴与地轴的交角约为11°。磁极的位置常会移动，1975年北磁极位置在约西经100°、北纬76°06′，即离北极点约1600千米的加拿大巴瑟斯特岛附近。北磁极现以每天20.5米的速度向北移动，估计2460年将移到俄罗斯西伯利亚泰梅尔半岛。磁纬度和磁经度是描述地球磁场的坐标系，磁极点的磁纬度为90°。

**北极点**是地球自转轴与地球表面的交点，是地轴的北端，位于北纬90°、格陵兰岛以北大约725千米的北冰洋中的一点，北极点海深4087米，被浮冰覆盖。在地球上，任何两个或两个以上的人处在任何不同的位置，只要他们始终不变地沿着相同经线向着正北方向前进，最终必会相聚在北极点。

北极点风光

按图索骥

北美洲

亚洲

欧洲

北极圈内罗瓦涅米市的圣诞老人村

**北极圈**是在北纬66°34′处环绕地球的纬圈，是北寒带与北温带的界线，以内大部分是北冰洋。通常，北极圈内的地区被称为北极地区，范围包括欧洲北部、亚洲北部、北美洲北部。北极圈内有很多岛屿，最大的是格陵兰岛。北极圈还是极昼和极夜现象开始出现的界线。

**北极海盆**是北冰洋海底巨大而深陷的长方形凹地，四周为欧亚和北美大陆架。它被海底山脊分为欧亚海盆、挪威海盆、南森海盆、加拿大海盆等。加拿大海盆较大，南森海盆最深，挪威海盆较浅。有的海盆间海底山脊中部有裂隙，深部海水可在海盆之间自由交换。

北冰洋
Name Arctic Ocean
约1475万平方千米
☆ 北纬90°
☆ 约东经175°20′、北纬88°26′
▼ -5527米

23

# 北极冰冻圈

冰冻圈是指地球表层连续分布且具有一定厚度的负温圈层，冰冻圈内的水体处于自然冻结状态。北冰洋及周围海域表层系统中以固态形式存在的水体及岩石称为北极冰冻圈，其主体为格陵兰冰盖、冰川、冰架、冰山、海冰、海底冻土、积雪等。地球有两个冰盖；格陵兰冰盖是第二大冰盖；其冰量占世界冰量的7%～9%。冰架是冰盖前端延伸漂浮在海洋部分的冰体，是冰盖与海洋相互作用的重要界面，冰架约1/9的冰体漂浮于海面之上，沃德·亨特冰架是北极地区最大的冰架。海洋表面海水冻结形成的冰称为海冰，海冰表面的降水再冻结也成为海冰的一部分。冰冻圈与大气圈、水圈等其他地球圈层相互作用和影响，北极冰冻圈的扩张和退缩，会引发大量淡水在陆地与海洋之间转移、大范围积雪和海冰的变化，对全球生态平衡及海岸带环境产生影响。2018年1月，正值冬季的北极海冰，范围却下降到有卫星观测以来的最小纪录。冰山融化会释放出富含矿物质的粉末，给浮游植物提供养料，哺育海水中的生命。但是，北极冰川和多年冻土的融化也会泄漏出被封存的化学残留物，对淡水资源造成污染。

飞跃阿拉斯加冰川

迪斯科湾冰山

**不可不知**

**北极冰山**主要来源于格陵兰冰盖，格陵兰冰盖西侧每年分离出约1万座冰山，平均有375座漂过纽芬兰以南进入北大西洋航道，成为那里航海的障碍。北极冰山小到钢琴一般，大到10层大楼一般，长一二百米，高数十米，绝大部分都隐藏在海面之下。

● 冰山大多在春夏两季内产生，全球变暖加速了冰山的形成，促使更多的冰山以冰川的形式崩解，加速冰山融化。来自格陵兰冰盖西部的大多数冰山，从母体冰川诞生后两年之内就会全部融化。冰山是淡水冰，大量冰山进入海洋后可改变海洋的温度和盐度。

● 冰山运动的主要动力是风和洋流，有些冰山能以44千米/天的速度漂移。冰山漂移可将某些物体和动植物从来源地搬运到数千千米以外，科学家根据大洋内的沉积物，可以推断万年以前冰川的分布情况。

● 冰山漂移对航海安全造成巨大威胁。1912年，"泰坦尼克号"在纽芬兰附近海域撞到冰山而沉没，1500多人葬身大海。有研究发现，撞沉"泰坦尼克号"的巨型冰山起源于格陵兰岛的伊路利萨特。

"泰坦尼克号"即将沉没

**沃德·亨特冰架**位于埃尔斯米尔岛北岸，是加拿大仅存的5个冰架之一，面积约443平方千米，厚约40米，已有3000多年历史。2002年，冰架中心区域出现裂缝，于2008年发生大规模断裂，形成了两座浮冰岛。目前，北极地区很多冰架逐渐崩解入海，数量和面积已大大萎缩。极地专家对其形成的主要原因持不同意见，有人认为，全球气候变化是"罪魁祸首"，还有人认为这是由动力原因引发。

按图索骥

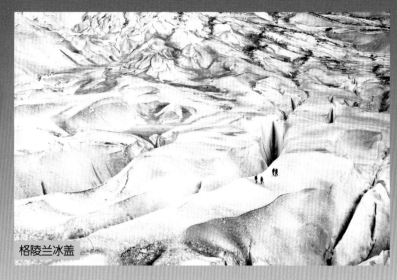
格陵兰冰盖

**格陵兰冰盖**是长期覆盖于格陵兰岛上的巨大、连续冰体，占格陵兰岛面积约80%。格陵兰冰盖形成于第四纪，当时的面积比现在大7倍，由南北两个穹形冰盖连结而成，中央低于南北两侧，呈马鞍形。冰盖边缘被许多裸露的带状山地、丘陵环绕，大量冰川穿越其间伸入海洋，西格陵兰岛的一些冰川流动速度达7千米/年，是世界上流动最快的冰川。科学家估测，格陵兰冰盖全部融化可使海平面上升约7.36米。长久以来，格陵兰冰盖的冰芯被用来跟踪全球的气候变化。2003年7月，科学家历经多年努力在格陵兰冰盖中部最高点附近打透冰层，钻取了长3000多米的冰芯，这根冰芯记录了北半球乃至全球过去12万年的气候与环境变化信息。

格陵兰冰盖

Name Greenland Ice Sheet

东经41°12′，北纬76°42′

约180万平方千米

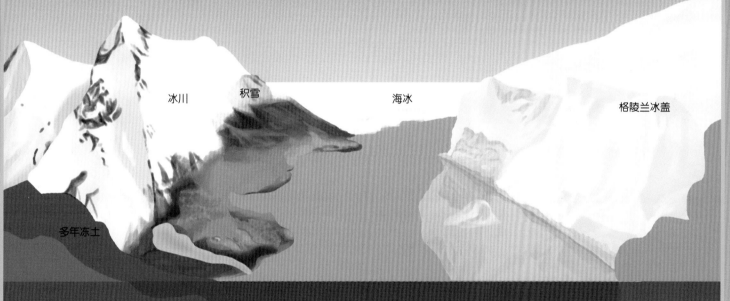
冰川　积雪　海冰　格陵兰冰盖　多年冻土

冰湖中出现大量甲烷气泡

饼状冰

**北极冻土**集中分布在西伯利亚北部和阿拉斯加北部的近海岸带大陆架上，蕴藏有石油和天然气水合物。海底多年冻土可有效分解可燃冰，对陆地环境产生有益影响。但近年来，持续的气候变化加剧了北极冻土的融化，冻土层的退化导致土壤结构变得脆弱，北极海底持续释放出大量甲烷气体，又加重了温室效应，造成恶性循环。

**海冰**由不纯净的海水在低温下形成，可分为初生冰、尼罗冰、饼状冰、初期冰、一年冰和老年冰。北极海冰主要分布于白令海、格陵兰海、哈得孙湾等北冰洋海域，具有明显的季节变化，每年3~4月规模最大，8~9月规模最小。1980年前后，北极海冰中的多年冰占总海冰量的75%以上。进入21世纪，全球气候变暖导致北极海冰严重缩减，2011年海冰中的多年冰占总海冰量的45%。

# 北极奇观

  北极地区拥有极端的地理位置和多变的气候，一年之中有9个月被冰雪覆盖，造就了许多独特而神秘的自然景观。春分之后，太阳直射点向地球北回归线偏移，北极逐渐夜如白昼，极地的阳光下，这里是最美的"日不落国度"；秋分之后，太阳直射点向地球南回归线偏移，北极圈内又迎来静谧的"永夜"。在北极点，一年中分别约有半年时间为极昼和极夜，随着纬度的降低，出现极昼和极夜的时间越来越少，在北纬66°33′，极昼和极夜各只出现1天。频繁而剧烈的太阳活动及地球磁场，造就了北极绚丽的极光美景，太阳黑子数越多的年份，极光出现的频率也越高。极光具有巨大的能量，可达几千电子伏特。有时，一次极光的能量能超过北美发电能力的总和。地球北纬60°～70°、南纬60°～70°被称为"极光带"，在这两个区域内人们观测到极光的概率非常高。在古罗马神话中，人们把极光视为北极地区的神明，英文"Aurora（极光）"即源于拉丁语的古罗马神话中黎明女神的名字。在因纽特人的传说里，这些天空中"燃烧的火焰"预示着逝者的灵魂在为他们照亮回家的路。北极是神话传说中的迷人圣境，也是人类进行自然科学研究的宝库，绵延的冰川、死水效应、死亡冰柱等特殊的自然现象，是科学家们的重点研究对象。

极昼时挪威午夜

极夜时挪威正午

著名的北极光观测地

挪威：特罗姆瑟，阿尔塔，希尔科内斯　加拿大：耶洛奈夫　美国：费尔班克斯

冰岛：考尔瓦费德，桑德格迪　瑞典：阿比斯库　芬兰：伊瓦洛，伊纳里

**特罗姆瑟**位于挪威北部，是挪威在北极圈内的最大城市，也是20世纪初前往北极考察的出发点，因此得名"北极之门"。特罗姆瑟是北极光的最佳观测地之一，每年11月到次年2月，会吸引成千上万的科学家和游客，故又被誉为"极光之都"。观测极光时的天气非常重要，只有在晴朗无云的夜晚，我们才能以肉眼看见极光，冰岛、挪威和美国等国家拥有观测北极光的理想之地。

**不可不知**

**伊路利萨特冰湾**位于北极圈以北约250千米的格陵兰岛西岸，是通过格陵兰冰盖入海的冰河之一，是瑟梅哥－库雅雷哥冰川的出海口。2004年，伊路利萨特冰湾被列入《世界遗产名录》，成为地球上"最北边的世界遗产"。

伊路利萨特冰湾

● 伊路利萨特冰湾是第四纪最后一个冰川时代的杰出例证。这里有世界上最活跃的冰川活动，冰流速度达19米/天。冰川以超过35立方千米/年的速度增长，占整个格陵兰岛浮冰总量的10%，超过了南极洲以外的其他冰川。

● 伊路利萨特冰湾位于丹麦境内，以格陵兰语直译为"冰山"。250多年以来，科学家一直关注这里的冰川及地域特征，把相关成果应用于冰帽冰川学、气候及地质变化的研究中。

● 每年极昼时，阳光直射冰川，伊路利萨特全天都被耀眼的光辉笼罩。岩石、海冰和海洋构成的原始而壮美的景观，向人们展现出变幻莫测的自然奇观。

冰湾奇观

冰湾海鸥

# 北极生命

北极地区常年被冰雪覆盖，气候极端多变，却孕育了顽强的北极生命。在北极寒冷的苔原、山地和泰加林地带，生长着苔藓、地衣、马先蒿、冷杉等植物，这些植物为驯鹿、麝牛、北极兔、旅鼠等食草动物提供了丰富的养料。数量众多的食草动物为北极狼、北极狐等食肉动物提供了较为充足的食物来源。在北冰洋和北极地区的湖泊与沼泽中，生活着多种多样的鱼类和浮游生物，它们不仅吸引了北极燕鸥、信天翁、绒鸭等100多种鸟类来这里繁衍生息，还为海象、海豹和鲸类等海洋哺乳动物提供了重要的食物来源。这些动物的聚集为北极地区食物链顶端的霸主——北极熊和虎鲸提供了完美的"猎场"。此外，北极地区还留存有猛犸象、恐龙等古生物的化石遗骸，它们为科学家进一步了解北极地区的生态变化提供了宝贵资料。北极地区的生态系统美丽而脆弱，生物链自我修复能力较差，人类对北极地区的保护刻不容缓。

在北极发现的猛犸象化石

**驯鹿**又称角鹿，生活在环北极地区的针叶林中，是世界上数量最多的鹿科动物之一。驯鹿以石蕊、蘑菇和嫩叶为食，习惯群居。为了抵御北极狼等天敌，成年驯鹿会将幼鹿包围在鹿群之中。春天时，驯鹿离开越冬的森林和草原，沿着几百年不变的路线向北进发，开始长达数百千米的迁移，场面十分壮观。驯鹿与人类的关系非常密切，北极地区许多民族都以驯鹿为交通工具。在西方的传说中，驯鹿是为圣诞老人拉雪橇的"好帮手"。

## 不可不知

北极地区有100多种开花植物、3500多种低等植物，不仅拥有世界上面积最大的苔原带——北极苔原，还有世界上最广阔的森林带——泰加林。恶劣的自然环境虽然减缓了**北极植物**的生长繁殖，但也使它们具有极强的生命力。

北极苔原

一物降一物

● 北极苔原是北极地区的冻土沼泽带，主要由低矮灌木、多年生禾草、苔藓和地衣等构成。在温暖的区域，灌木可以生长到两米高，莎草、苔藓和地衣可以形成厚厚的覆盖层；而在寒冷的区域，绝大部分的地表裸露，植被以地衣和苔藓为主，间有少数草本植物。

● 马先蒿是北极苔原上最常见的开花植物之一，花冠为白色或粉红色，沿水边生长，叶片呈锯齿状、茎秆老毛、根部膨大。马先蒿具有一定的药用价值，科学家已经从中分离出了具有抗凝血、抗氧化等作用的有效物质。

马先蒿

● 泰加林又称"北方森林"，是在通常长满地衣的沼泽地上生长的开阔针叶林。它是跨越欧亚大陆北部亚极区特有的植被，其北面为较冷的冻原，南面为较暖的温带地区。泰加林中树木纤直，多长成密林，低洼处交织着沼泽。

● 冷杉是泰加林的代表树种，属常绿乔木，树干端直，枝条轮生，具有较强的耐阴性和耐寒性。冷杉属植物产生于白垩纪晚期，经历了漫长的冰期繁衍至今，是植物界的"活化石"。每到圣诞节，冷杉还常被培育作为圣诞树。

杉树

按图索骥

北极海鹦

**北极海鹦**是北极地区特有的海鸟，以海洋鱼类和浮游动物为食。它们的三角形喙可以一次捕食多只小鱼。北极海鹦平时栖息于海面，只有繁殖期时才回到陆地。它们习惯成群结队地把巢穴筑在沿海岛屿的悬崖峭壁上，以共同抵御北极鸥、水貂等天敌的袭击，集体筑巢还能警告其他海鸟不得入侵领地。

北极狼

**北极狼**又称白狼，生活在北极圈附近的苔原带、丘陵和山谷。北极狼奔跑速度极快，有很强的耐力，能承受严寒的气候和恶劣的生存环境。它们常集成小群，以一只强壮的雄狼为首领，捕食驼鹿、北极兔、旅鼠、海象和鱼类等，常围攻弱小或年老的驯鹿或麝牛，在食物稀少的秋季和冬季，每天会长途跋涉数十千米寻找猎物。人类在北极的过度开采造成环境污染，使北极狼失去了一些栖息地，每年约有200只北极狼被偷猎者捕杀。

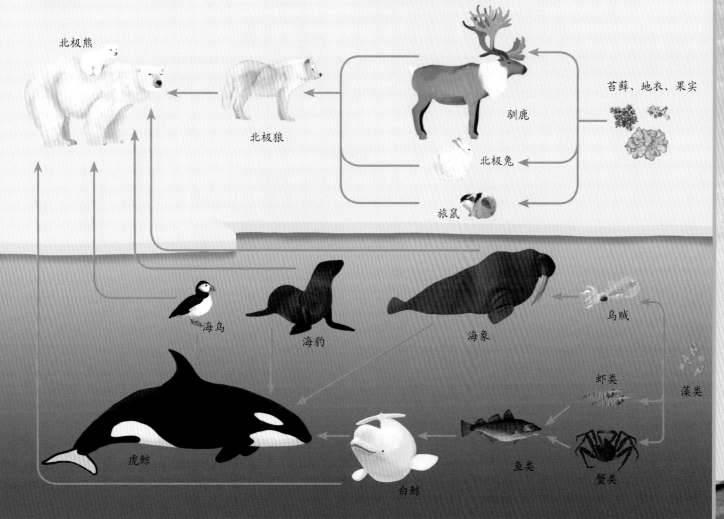

北极熊　北极狼　驯鹿　苔藓、地衣、果实　北极兔　旅鼠　海鸟　海豹　海象　乌贼　虾类　藻类　虎鲸　白鲸　鱼类　蟹类

海象

**海象**是生活在北极和近北极温带海域的海洋哺乳动物，习惯在沿海陆地和浮冰上群居，主要以乌贼、虾、蟹为食。海象长而锋利的獠牙既可以用来防身、打斗，又可以帮助它们在陆地上行走。海象对海洋环境的变化特别敏感，人类对石油和天然气的过度开发，致使其生存环境遭到毁灭性打击。为了得到海象牙，人类大量猎杀海象，导致海象数量越来越少。

北极狐

**北极狐**生活在北极苔原带和沿海地区，习惯结群活动，以旅鼠、北极兔、鱼类、鸟类或鸟蛋及浆果为食。夏季，北极狐会把食物储存在巢穴中；冬季来临，储存的食物被消耗殆尽，它们会跟踪北极熊拣食残羹剩饭。北极狐的皮毛颜色会随季节变化而不同，冬季时全身雪白，夏季时变为灰黑色。

# 北极熊

北极熊适应极寒环境

北极熊又称白熊、冰熊，是北极地区最大的陆地食肉动物。经过数十万年的进化，北极熊逐步适应极寒气候，生活在北极地区的各个岛屿和海岸上，它们中空的毛发和厚重的脂肪可以抵御极地的苦寒，乳白色皮毛与冰雪融为一体，是很好的伪装。北极熊脚掌多毛，既能保暖，还有助于冰上行走。海冰是北极熊赖以生存的狩猎场所和避风港，但进入20世纪，由于全球气候变暖造成的海冰消退、浮冰减少，使北极熊的捕猎成功率逐步降低，甚至有的北极熊在海中觅食时因找不到落脚的海冰而被淹死。海洋污染和人类偷猎，也让北极熊面临着严重的生存危机。科学家发现，成年北极熊的平均体重已经明显下降，幼北极熊的存活率也大幅降低。人们担心，北极熊极可能在21世纪濒临灭绝。1973年，美国、加拿大、丹麦、挪威、苏联五国签署了《北极熊及生境养护国际协定》，规定只有当地居民被允许使用传统方法捕猎北极熊，北极熊的生存状况得到了一定程度的改善。

崔在悦

北极猎手

你好，我是金雷。2010年春天，我前往挪威斯瓦尔巴群岛，开始北极生态环境探寻之旅。出发前，我和你们一样，也只在动物园中见过北极熊，而那次北极之旅让我有幸领略到了北极熊真正的风采。当我和海洋生物学家们在北冰洋沿岸搜寻北极熊的踪迹时，我突然发现距我们只有100米左右的浮冰上有一头巨大的北极熊正在散步，全然不顾岸上的"围观群众"，你看你的，我走我的，那派头既像皇帝注视着臣民，又像将军检阅军队，威风凛凛，好不气派。不过，这些生活在遥远极地的"北极王者"却依然无法逃脱人类的魔掌。猎人的肆意捕杀，使北极熊数量锐减，而全球范围内的环境破坏也让北极熊和城市下水道中的老鼠一样遭受污染。随着人类进入北极的步伐不断加快，北极熊这种美丽而强大的生灵所面临的威胁也在日益加重。

不可不知

**北极熊的一生**相对短暂，人工饲养的北极熊寿命为40岁左右。由于生存环境越来越恶劣，野生北极熊的平均寿命减少到约25岁。北极熊是典型的独居性动物，除了繁殖期，它们几乎都独自活动。

● 北极熊是北极冰原上的"孤独猎手"，猎食时的奔跑速度可达60千米/时。它们主要以捕食海豹为生，有时也以驯鹿、海象、鱼类、虾蟹和水鸟等为食。北极熊是典型的食肉动物，食物短缺时也会吃水草和海藻充饥。

● 北极熊的生殖年龄可以持续到20～25岁。冬季是北极熊捕食海豹的关键期，公熊和未孕的母熊不会冬眠，怀孕的母熊则大量进食、储存脂肪，为冬眠和生育小熊做准备。

● 北极熊幼崽出生时，体重只有几百克，母熊完全依靠体内贮存的营养维持生命、哺乳幼崽。幼熊在两岁前一直跟随母熊学习捕食及在严酷环境中的生存之道，之后幼熊就开始自食其力、独自生活了。

冰原"孤独猎手"

北极熊觅食

北极熊一家

数说探险

**2.5万** 受全球变暖、冰川融化、人类捕杀、海洋污染等问题的影响，北极熊的数量在几十年间大幅减少。科学家估测，目前全世界只剩下约2.5万头北极熊。

**800** 北极熊体形巨大，体长可达2.5米以上，在冬季来临前，它们的体重可达800多千克。

**20%** 北极熊一顿能吃下相当于体重20%左右的食物，以保证食物短缺时身体拥有足够的脂肪和热量储备。

**97** 北极熊前掌呈桨状，擅长游泳，一天最多能够游约97千米。它们会在离陆地或浮冰很远的水中潜游，捕捉海豹或鱼类，有时跟随海豹向南移栖。

**1万** 据统计，仅1920～1963年，就有超过1万头北极熊被猎杀。为了得到北极熊的皮毛、肉、脂肪等并从中获利，非法狩猎者曾对北极熊进行肆意捕杀。

北极熊跨越浮冰

北极熊善潜水

# 北极人

北极地区现有人口约900万，主要分布在8个环北极国家的北纬60°以北地区。其中土著居民人口有200多万，由因纽特人、萨米人、涅涅茨人和楚科奇人等20多个民族组成。除萨米人外，北极土著居民都有着显著的蒙古人种特征，普遍信奉萨满教等，部分城镇居民信仰基督教和东正教。这些土著民族世代生活在气候环境恶劣的北极地区，主要以猎捕海豹、鲸、海象和鱼类为生。至今，他们仍保留着传统的渔猎或游牧、生吃鱼肉的习惯。由于地理位置偏僻，北极土著居民一直与外界接触甚少，直到现代交流才开始变得频繁。正因如此，北极土著居民保留了很多传承数千年的独特习俗，现代文明和传统文化的交汇与碰撞成了这个地区别具一格的地域特色。如今，北极地区是吸引世界各地游客的旅行之地，同时也为人类学和考古学提供了丰富的研究资料，但北极土著居民原有的生活秩序正在一点点改变。

因纽特民族的图普拉克骨雕

雪橇之旅

石堆

**不可不知**

因纽特人被称为"**世界上最孤独的民族**"，与世隔绝超过千年，非常具有神秘感。由于北极偏僻寒冷、环境极端恶劣，他们在一代一代的生活中形成了许多独特的习俗和传统文化。

● 因纽特人的祖先生活在亚洲，属蒙古人种，约8000年前经白令海峡到达北美洲。1000年前，他们创造了属于自己的因纽特文化。16世纪，欧洲人开拓北极地区，因纽特人逐渐与外界建立联系。

● 因纽特人现今已经常使用现代工具、工业产品和电子产品等，科技的发展及现代都市的兴建使他们的住所得到改善，充足的果蔬来源丰富了他们的膳食结构，网络也得到了普及。因纽特人还保留着一些传统生活习俗，亲属群是其社会组织的核心和基础，聚落长老的权力甚至高于地方政府机构。

● 犬拉雪橇和石堆是因纽特民族的文化标志。犬拉雪橇至今仍是因纽特人无可替代的交通工具。因纽特石堆曾被当成辨认方向的路标，有时被用来划分领地，现在石堆逐渐失去了实用价值，已成为一种精神象征。

● 雪屋是因纽特人独特的传统建筑，用雪砖垒砌而成。在旅途中，因纽特人会就地取材建造雪屋，躲避风雪和严寒。他们先往地下挖一个1米左右的深坑，然后选择坚实的雪块，从底部一圈圈向上砌，直至封顶。不到1小时，一座雪屋就能建好，使用寿命约为50天。现在，因纽特雪屋成为北极著名旅游景观。

雪屋

因纽特人又称爱斯基摩人，生活在北美洲北部和格陵兰岛等地，共14万余人，是世界上居住在地球最北地区的民族。他们的生活物资绝大部分来自猎物，以肉为食，以皮毛为衣。因纽特人分布范围广，却保持了文化的一致性，有着相同的语言。

因纽特人

楚科奇人居住在俄罗斯马加丹州楚科奇自治专区境内，人口超过1万，以渔猎和饲养驯鹿为生。楚科奇人认为所有自然现象都有独特的精神和个性，所以尽管居住环境恶劣，他们还是保持着热爱自然、慷慨谦逊的品格。如今，楚科奇人仍保持着传统的生活方式，但是他们的生活环境和传统文化却曾因工业污染等遭到破坏。

楚科奇人

45 西经W 180 东经E 150

狼

白令海峡

因纽特人

150 因纽特人

楚科奇海

东西伯利亚海

泰加林

120

波弗特海

加拿大海盆

虎鲸

班克斯岛

北冰洋

新西伯利亚群岛

拉普捷夫海

棕熊

亚洲

120

北美洲

帕里群岛

德文岛

欧亚海盆

北磁极（2019年）

90

布西亚半岛

梅尔维尔岛

南森海盆

涅涅茨人

埃米斯米尔岛

巴芬岛

因纽特人

60

驯鹿

格陵兰岛

因纽特人

班克斯约翰逊夫地群岛

新地岛

涅涅茨人

涅涅茨人

驯鹿

格陵兰海

斯瓦尔巴群岛

海豹

巴伦支海

60

格陵兰海盆

30

挪威海盆

斯堪的纳维亚半岛

30

冰岛

北极圈

萨米人

萨米人

北极圈

西经W 0 东经E

涅涅茨人

涅涅茨人

涅涅茨人多数居住在俄罗斯北部的亚马尔-涅涅茨自治区和涅涅茨自治区，现有约4.5万人，是"世界边缘的游牧民族"。与其他充分融入现代社会的北极土著民族不同，涅涅茨人世代与驯鹿共生，追寻着驯鹿的踪迹迁徙，努力延续着祖先的生活方式和文化。他们一年约有260天辗转生活于冰雪之中。

萨米人

萨米人被称为"欧洲最后的土著民族"，约有10万人口，分居在北欧各国，以饲养驯鹿为生，有"驯鹿民族"的称号。萨米人有着丰富的民族文化，将火焰视为严寒中至高的神明。随着经济的发展，萨米人已结束了祖辈的游牧生活。

北极地区主要民族：因纽特人，阿留申人，萨米人，涅涅茨人，汉特人，冀库普人，楚科奇人，堪察加族，阿尔泰语族，乌拉阿尔语族等

北极地区主要语族：爱斯基摩-阿留申语族，楚克奇-堪察加语族，尤卡吉尔人，多尔甘人，埃文基人等

# 保护北极

近年来，气候变化、工业文明和极地旅游使北极不堪重负。2019年，北极地区气温达到历史最高值，俄罗斯北冰洋沿岸和白令海峡以北地区都出现了明显的变暖趋势。北冰洋4年以上冰龄的海冰近35年减少了96%左右，格陵兰岛已经融化了5万亿吨冰川，斯瓦尔巴群岛的冰川自1966年以来缩减了3.5千米。许多北极生物失去了赖以生存的家园，有的北极熊被迫"出走"寻找食物。尽管北极植被覆盖面有所扩大，但在过去20年中，北极苔原地区的北美驯鹿和野生驯鹿数量却下降了56%。工业污染、化学污染以及人类活动带来的塑料垃圾污染更加重了北极环境的恶化。1986年的切尔诺贝利核电站事故，导致北极地区10万多头驯鹿受到核污染的危害，苔藓和地衣等苔原植被也被检测出大量放射性物质，核污染对于北极生态的影响还将持续数十年。北极地区的环境保护受到了国际社会的普遍关注，环境治理机制正在逐渐建立。俄罗斯、美国、加拿大等环北极国家建立了多个自然保护区和野生动物保护区，以保护北极独特的植物、动物资源，自然生态系统和地球的生物多样性。世界各国正在大幅减少塑料的使用，环北极国家采取了更严格的应对措施。

青少年北极冰川考察

**俄罗斯北极国家公园**建于2009年6月，总面积约1.43万平方千米，是俄罗斯最年轻的公园，也是第三大国家公园。公园位于俄罗斯阿尔汉格尔斯克州境内，包括新地岛北方岛屿北部、大小奥兰斯基岛、洛什金岛、汉姆斯科尔科岛和周围其他岛屿。这里是俄罗斯最高纬度自然保护区之一，有北半球最大的海鸭、绒鸭、海象、北极熊、弓头鲸、北极狐、格陵兰海豹和环斑海豹栖息地，地表植被以苔藓、地衣和野花为主。

北极狐的一天

翻找垃圾的北极熊

**不可不知**

尽管远离世界的工业中心，北极却长期面临**塑料污染**的威胁。科学家在北极动植物、海洋、土壤甚至冰川中都发现了塑料碎片残留和塑料微粒。大量塑料顺着白令海峡和北大西洋海峡的洋流从世界各地来到北极，这些难以降解的有毒物质给北极的生态环境带来了难以承受的灾难。

● 2017年7月，科学家在兰开斯特海峡钻取了冰芯，其中发现了肉眼可见的不同形状及尺寸的塑料颗粒和纤维。除了冰芯，北极的雪花中也被检测出大量微塑料颗粒。有研究发现，在北极，每升雪花中的微塑料颗粒超过1万个。

● 人类活动造成了塑料污染，洋流运动和水体交换则导致塑料污染范围的扩张。海上船舶通行排放的塑料垃圾从低纬度地区向高纬度地区漂流，最后聚集在北极地区的海湾角或沉到洋底。研究人员推测，有的污染物可能是由船只在冰面上摩擦产生的，有的可能来自风力涡轮机，还有一部分可能是被风带到北极的。

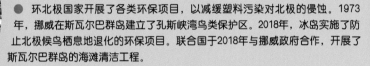
西格陵兰岛的垃圾

● 被遗弃的尼龙渔网和绳索会困住海豹和海狮等动物，漂浮在海面上的塑料垃圾会被海鸟、北极熊等动物误食。这些塑料垃圾不仅威胁着北极动物的生命，也对北极居民的身体健康产生危害，科学家已经在格陵兰地区的原住民体内发现了塑料。

● 环北极国家开展了各类环保项目，以减缓塑料污染对北极的侵蚀。1973年，挪威在斯瓦尔巴群岛建立了孔斯峡湾鸟类保护区。2018年，冰岛实施了防止北极候鸟栖息地退化的环保项目。联合国于2018年与挪威政府合作，开展了斯瓦尔巴群岛的海滩清洁工程。

被缠住的北极海鹦

**惟在悦**

你好！我叫林定洋，今年19岁。2013年，我参加了北京中学生赴北极地区科学考察活动。我们跟随科学家来到斯瓦尔巴群岛，近距离观察了北极熊、白鲸、北极海鹦等动物，参与了雪坑采样等科考工作，对人类探索北极的历史有了更深入的了解。在科考活动中，我们看到了冰川退缩的痕迹，直观地感受到了人类活动对北极脆弱的生态环境的影响。北极之行，让我体会到了科学研究的艰辛、严谨，考察成果令我自豪和喜悦。同学们在分工协作和团结互助中收获了新的友谊，都坚定地树立了保护北极人人有责的理念。保护极地环境不应只是科学家的事，需要各国政府加强合作，也需要每个公民一点一滴的努力，比如拒绝消费北极鱼类、虾类或其他北极动物产品，选择更低碳的生活方式，减少塑料制品的使用，理性认识极地旅游，宣传分享极地保护的知识等。如此持之以恒，相信这片"净土"会更加美丽！

《保护毛皮海豹条约》 1911年
《保护北极候鸟及其生存环境的协议》 1976年
《关于保护北极环境的宣言》 1991年

《保护太平洋北部和白令海峡的鱼类的协议》 1923年
《保护臭氧层维也纳公约》 1985年
《联合国气候变化框架公约》 1992年

《北极熊保护协议》 1973年
《关于消耗臭氧层物质的蒙特利尔议定书》 1987年
《京都议定书》 1997年

# 寻找南极

德雷克

公元前4世纪，古希腊哲学家认为，地球的南端应该存在一块大陆。后来，地理学家克罗迪斯·托勒密也猜想，地球的南方可能有一块辽阔的陆地，并把自己假想的这个南方大陆在地图上绘制出来，当时的人们称这块神秘的大陆为"未知大陆"。为了寻找南方的"未知大陆"，从16世纪开始，陆续有西班牙人、英国人、法国人、美国人等前往南极探险。人类第一次真正来到南极源于一次意外，英国航海家德雷克船长率领船队进入太平洋的时候，被大风刮到了更南的海域，误入南极"大门口"。英国航海家库克曾数次率领船队向南航行，到达前人未及之处，并于1773年进入南极圈，第一次"揭开"了南极洲神秘面纱的一角。经过多次越过南极圈的航行，俄罗斯探险家别林斯高晋于1820年在南纬69°21′发现一片冰雪陆地，成为第一个见到南极大陆的人。1821年，美国探险家杰弗逊·汉密尔顿·戴维斯登陆南极大陆。

**德雷克海峡**是火地岛与南极大陆之间的海峡，为世界上最宽、最深的海峡，最大宽度970千米，最大深度5248米，由英国航海家弗朗西斯·德雷克发现。1577年，"铁腕海盗"德雷克率领3艘帆船，沿南美洲海岸南下，寻找南方"未知大陆"。1578年，他们遭遇强风暴袭击而偏离航线，被迫在火地岛登陆。德雷克由此证实，火地岛并不是南方"未知大陆"。

**不可不知**

《1421：中国发现世界》由英国皇家海军退伍军官加文·孟席斯所著，于2002年出版。这部书主要介绍了自明成祖永乐十九年（1421年），中国船队在郑和的带领下，历时两年环游地球的航海经历。作者耗时14年研究了这段传奇之旅，足迹遍及120个国家，访问了900多家图书馆、博物馆和档案馆。此书的研究成果在全世界引起极大反响和争议。

英文版

中文版

● 孟席斯应用得天独厚的天文导航绘图和航海专业知识，广泛搜集古地图、东方和西方断简残篇的证据，来支持自己的论点，成功地解释了近年所发现的中国船队沿路留下的遗物与碑文，以及中途的沉船，还有水手在各地祭拜的遗址。

● 孟席斯的研究结论是：早于哥伦布探险70年，中国人发现了美洲大陆；在麦哲伦环球航行100年前，郑和已环游地球；在库克船长航海350年前，郑和发现了澳洲和南极洲；中国人最早绘制了世界海图，领先欧洲人300年解决了经度测量的问题。

● 《1421：中国发现世界》第96页摘录：洪保（郑和）将军的舰队成为第一批航海穿越麦哲伦海峡的航行者。他们还发现了南极洲，比阿贝尔·塔斯曼发现塔斯马尼亚岛早两个世纪，到达了澳大利亚南部。

郑和船队

詹姆斯·库克是英国探险家、海军军官、制图师，曾多次率领探险队进行漫长的航行。1772 年 7 月，库克率领"决心号"和"探险号"前往太平洋，他们设法靠南航行，以求发现南方大陆。船队在 1773 年 1 月创下横跨南极圈的壮举，后由于冰块阻碍不得不放弃搜索。库克于 1773 年 3 月发现乔基岛，并为这个岛屿绘制地图。库克的船队于 1773 年 12 月再次进入南极圈，又于 1774 年 1 月第三次驶入南极圈，并于 1 月 30 日成功驶达离南极洲不远的海域，这是 18 世纪航海家所到过的最南的地方。

CANADA 14
postes/postage
James Cook

"库克"纪念邮票

→ 德雷克 1577年
→ 库克 1772～1774年
→ 别林斯高晋 1819～1821年

别林斯高晋

法比安·戈特利布·冯·别林斯高晋是俄罗斯探险家、海军上将。1819 ～ 1821 年，别林斯高晋指挥"东方号"和"和平号"向南航行，多次绕过南极圈。他们在南极圈附近发现了陆地，别林斯高晋将其命名为"彼得一世岛"。接着他又命名了他的第二个发现——"亚历山大海岸"，即现在的"亚历山大岛"。由于附近冰层过厚，无法通过，他们便从新发现的陆地北面绕过冰山，穿过了太平洋东南部的海区。后来，这个海区被命名为"别林斯高晋海"。

① 彼得一世岛

# 初见南极

随着人类对南极认识的加深，南极海域新的岛屿陆续被发现。追求理想大陆的同时，人们开展了对南极可用资源的探求，许多国家投入到南极探险之中。有些探险家进行了观测、勘探等开拓性的科学研究，他们仍热衷于为新发现的岛屿或海域命名。南极出现捕猎者的身影后，海豹、鲸等海洋动物被大量捕杀。1822年，英国探险家威德尔在寻找捕杀海豹新场所的航行中，创造了南行至南纬74°15′的纪录。1840年，法国探险家迪维尔宣称发现了南磁极，还称南极洲的部分领土属于法国。美国探险家威尔克斯则称，他看到了一大片大陆，得出当时还有争议的结论——南极是一个洲。威尔克斯和迪维尔都声称在1840年1月19日看到了南极洲。英国探险家詹姆斯·克拉克·罗斯的目标是寻找南极磁点，虽然没能实现这个愿望，但他相继发现了罗斯海、罗斯冰架和罗斯岛等。19世纪前后，比利时探险家热尔拉什和德国探险家埃里希·冯·德里加尔斯基，在南极越冬时进行了开拓性的科学研究。

罗斯

威尔克斯

**查尔斯·威尔克斯**是美国探险家、海军军官。1838年，威尔克斯率领由植物学家、标本师、艺术家、矿物学家等组成的探险队，驾驶"樊尚号""孔雀号"等4艘船对太平洋和南冰洋进行勘探及测量。后来，他又对南极海域进行了多次探险，甚察了南极海岸线，并最先尝试描绘这个地区的海岸线图。"威尔克斯发现南极大陆"之说，长期受到人们质疑，直到20世纪40～50年代经勘测后这个论断被确认。澳大利亚南部所对东南极广大区域被命名为"威尔克斯地"。

迪维尔

**朱尔·迪蒙·迪维尔**是法国航海家、植物学家和制图师。1837年9月，迪维尔率领两艘海船从法国开启南极远征。探险队曾被困冰山中数日，后于1840年1月20日跨越南极圈。上岸后，迪维尔以妻子的名字将这块大陆命名为"阿黛利地"，命名当地的一种企鹅为"阿黛利企鹅"。迪维尔还汇编了比图及海图，收集数百种标本样品，提供了有关南极的重要新信息。

**罗斯海**是南太平洋深入南极洲的大海湾，也是人类通过船舶抵达南极大陆、前往南极点的传统航路，由英国南极探险家、航海家詹姆斯·克拉克·罗斯发现。1839年10月，受命于英国皇家海军的罗斯率队前往南极探险，1841年，他穿过了南极圈，闯入此地。以罗斯的姓氏命名的有罗斯冰架、罗斯山、罗斯角等。罗斯海成为其后南极探险家踏上探索南极征程的重要站点。

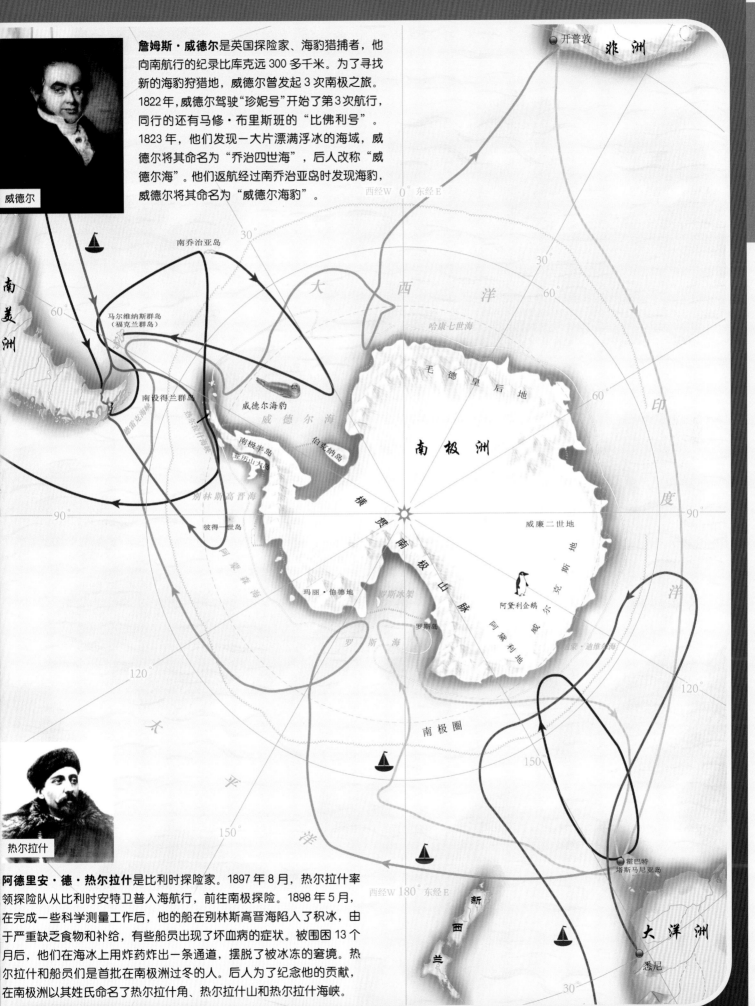

威德尔

詹姆斯·威德尔是英国探险家、海豹猎捕者，他向南航行的纪录比库克远300多千米。为了寻找新的海豹狩猎地，威德尔曾发起3次南极之旅。1822年，威德尔驾驶"珍妮号"开始了第3次航行，同行的还有马修·布里斯班的"比佛利号"。1823年，他们发现一大片漂满浮冰的海域，威德尔将其命名为"乔治四世海"，后人改称"威德尔海"。他们返航经过南乔治亚岛时发现海豹，威德尔将其命名为"威德尔海豹"。

热尔拉什

**阿德里安·德·热尔拉什**是比利时探险家。1897年8月，热尔拉什率领探险队从比利时安特卫普入海航行，前往南极探险。1898年5月，在完成一些科学测量工作后，他的船在别林斯高晋海陷入了积冰，由于严重缺乏食物和补给，有些船员出现了坏血病的症状。被围困13个月后，他们在海冰上用炸药炸出一条通道，摆脱了被冰冻的窘境。热尔拉什和船员们是首批在南极洲过冬的人。后人为了纪念他的贡献，在南极洲以其姓氏命名了热尔拉什角、热尔拉什山和热尔拉什海峡。

威德尔 1823年

罗斯 1839～1841年

迪维尔 1837～1840年

罗斯 1841～1843年

威尔克斯 1838～1842年

热尔拉什 1897～1899年

# 南极的英雄时代

　　早期的极地探险家发现南极大陆后，南极吸引了更多的人向南进发。南极大陆有多大？地球的南极点在哪里？一系列关于南极的疑问，引出了英雄辈出的南极大探险时代。1895年1月，挪威探险家卡斯滕·博克格雷温克船长乘雪橇深入到南极内陆，曾到达南纬78°50′，这是当时人类到达的地球的最南端。1901年，斯科特率领英国探险队向南极进发，斯科特、沙克尔顿和爱德华·威尔森曾冲刺南极点，由于物资补给的限制没能如愿，但他们到达了南纬82°16′，完成了许多科研项目。1908年，沙克尔顿和3个同伴再次向南极点进发，于1909年1月登上极地高原，在距南极点约160千米处，因疾病和食物缺乏被迫返回。在进军南极的路上，有激动人心的发现，也有令人扼腕痛惜的牺牲，探险家们不畏严寒和艰险而勇往直前，目标是成为到达南极点的第一人。最终，1911年12月，挪威探险家阿蒙森带领的探险队首先抵达南极点。

阿蒙森和队友到达南极点

不可不知

　　20世纪初，人类已初步掌握了南极大陆的地理情况，积累了较丰富的极地探险经验。探险家们对南极点跃跃欲试，都想成为**第一个到达南极点的人**。

● 阿蒙森带领的探险队是世界上第一批到达南极点的人。他们于1911年10月19日从基地出发，1912年1月26日返回基地，历时99天完成了举世闻名的南极点之行。阿蒙森出色的组织才能和严谨的科学态度，以及探险队员坚韧不拔的毅力和不屈不挠的精神，在探险中发挥了重要作用。

● 在阿蒙森进军南极点的过程中，几十只肥壮的北极犬对探险的成功起了关键作用。这些不怕天寒地冻、吃苦耐劳的北极犬，齐心协力拉着满载食物和用品的雪橇，越过错综复杂的冰裂缝，攀缘陡峭的冰坡。

犬拉雪橇在冰雪中前行

● 斯科特的探险路线与阿蒙森不同，探险队越过冰架、穿过冰川，艰难地爬上南极高原。冰川随着地形的增高，越来越陡，布满深不见底的裂缝。当他们历尽千辛到达南极点时，阿蒙森已从南极点返程。返回途中，斯科特和同伴先后遇难，尸体和日记在6个月后被搜寻队发现，他们死时还带着植物化石标本。

● 斯科特进军南极时不以犬为畜力，而是配备了西伯利亚矮种马和摩托雪橇。矮种马经受不住严寒，很快全部死亡，摩托雪橇也成了一堆废铁。他们只能以人力拖拉沉重的雪橇前进，体力消耗过多。

斯科特探险队在南极点

**南极点**是地球自转轴与南半球表面的相交点，即地轴的南端。站在南极点，你不论向哪边走都是向北方。南极点终年被冰雪覆盖，冰雪厚度达2000米，海拔高度2800米。这里气候异常恶劣，夏季平均气温-30～-25℃，冬季平均气温-60～-55℃。南极点不是南极冰盖的最高点，覆盖在南极点上面的冰雪以每年10米左右的速度移动，标杆也会随之移动，因此，科学家每年都要重新标定一次南极点的最新位置，立上标杆。

**罗伯特·福尔肯·斯科特**是英国海军军官、探险家。1910年，他率领探险队从英国出发，再次向南极进发。途中他收到阿蒙森的电报：谨通知您，我已前往南极。这封电报令斯科特很恼火，但他坚信凭借壮实的矮种马、先进的机械雪橇及装备精良的探险队，自己一定能先于阿蒙森到达南极点。他们驶入南极海域后，遭遇了一场特大风暴，这使得行程计划推迟。1912年1月16日，探险队抵达南极点，但阿蒙森的挪威国旗已在那里飘扬。斯科特带领探险队失望地踏上返程，恶劣的天气和失败的打击让他们心力交瘁。1912年3月29日，斯科特遇难，长眠在皑皑白雪之中。

斯科特

按图索骥

威德尔海 · 虎鲸 · 南极半岛 · 亚历山大岛 · 别林斯高晋海 · 彼得一世岛 · 瑟斯顿岛 · 阿蒙森海 · 南极圈 · 太平洋 · 毛德皇后地 · 科茨地 · 漂泊信天翁 · 查尔斯王子山脉 · 南极洲 · 伯克纳岛 · 埃尔斯沃思地 · 玛丽·伯德地 · 爱德华七世半岛 · 罗斯冰架 · 罗斯岛 · 罗斯海 · 横贯南极山脉 · 威廉二世地 · 帝企鹅 · 乔治五世地 · 鸬鹚 · 阿黛尔兰 · 斯科特岛 · 西经W 0° 东经E · 西经W 180° 东经E

阿蒙森和队友在南极点

沙克尔顿

**罗阿尔·阿蒙森**曾在挪威海军服役。1910年8月，阿蒙森获悉，斯科特组织的探险队已在两个月前向南极进发，于是他改变了去北极探险的计划，转而前往南极。1911年1月，探险队到达南极大陆的鲸湾，同船到达的还有100只健壮的北极犬。10月19日，阿蒙森和4个同伴乘犬拉雪橇从营地出发。他们克服重重困难，于12月14日抵达南极点，并在南极点进行了连续24小时的太阳观测。由于阿蒙森很难预料返程是否顺利，他留下了写给斯科特的信和让其转交挪威国王的报告。12月18日，他们离开南极点。

**厄内斯特·沙克尔顿**是爱尔兰人，英国探险家，曾参加斯科特的南极探险队。1908年，沙克尔顿任英国探险队队长，再度到南极探险。由于1901年同斯科特的南极探险使用北极犬为运输工具没有成功，所以沙克尔顿这次使用了一种中国特有的小马来运输。在挺进南极的过程中，他们的最后4匹小马掉进了冰窟窿里，致使南极之行更加艰难。1909年1月，沙克尔顿和3个同伴向南极发起最后的冲刺，最终到达南纬88°23′，将王后赠的国旗插在这里。此时大家精疲力尽，沙克尔顿痛苦地作出了返程决定。沙克尔顿认为，如果探险队继续前进，他和队员们很难活着回去，他们必须在被冻死、饿死之前赶回船上。

# 到南极去考察

交通和通信技术的发展为人类认识南极打开了新的窗口，捕鲸和科学考察成为探险家及探险组织前往南极的新目标。从1901年加入斯科特的探险队开始，沙克尔顿进行了一系列的南极科学考察活动，他是去南极探险次数最多的探险家之一。飞机的发明让探险家们飞上蓝天，实现了南极空中探险。1928年11月，澳大利亚探险家乔治·休伯特·威尔金斯完成南极上空的第一次飞行。一年后，美国探险家理查德·伊夫林·伯德和3个同伴完成首次飞越南极点的空中探险。1935年11月，埃尔斯沃思驾驶飞机飞越南极洲。英国政府为调查南极鲸类资源成立了"发现委员会"，1925～1951年，委员会组织了多次南极考察活动。英国、挪威等国先后在南极洲占领自己的地盘，正值纳粹统治时期的德国，也对南极怀有野心。德国纳粹使用飞机，在南极上空投下数支刻有国旗标志的铝标。第二次世界大战期间，各国的南极探险计划陷入停滞状态。为保障并促进南极洲的和平利用、科学考察自由和国际合作，1959年12月1日，阿根廷、澳大利亚、比利时等12个国家在美国华盛顿举行会议，签订了《南极条约》。1964年以后，协商国又先后签订了《保护南极动植物议定措施》《南极海豹保护公约》《南极海洋生物资源养护公约》《南极矿物资源活动管理公约》《南极环境保护议定书》等。

"沙克尔顿"纪念邮票

## 不可不知

《**南极条约**》于1961年6月23日生效，无限期有效。1983年10月，中国正式加入《南极条约》，10月7日获得《南极条约》协商国资格。《南极条约》适用于南纬60°以南的地区，包括一切冰架。

● 《南极条约》确定了南极洲的国际法地位，确立了对南极洲考察应为和平目的服务的原则，缓和了有关国家在南极洲领土归属上的矛盾，促进了各国在考察和研究活动中的国际合作及保护南极地区的生态平衡。

● 《南极条约》规定，美国、苏联（俄罗斯）、英国、法国等20多个缔约国，都有一定数量的军事人员或军用飞机、舰船等，参与在南极建站、科学考察等活动。

● 已在南极进行科学考察或建立科学考察站的《南极条约》加入国，均有资格申请成为协商国，但须经全体协商国一致通过。

● 《南极条约》规定，禁止在南极洲进行一切军事活动，禁止在南极洲进行任何核爆炸、处置放射性废物的活动。

《南极条约》纪念邮票

《南极条约》徽章

## 你知道吗

★ 自1901年开始，沙克尔顿数次参加或组织南极探险和科学考察活动，获取了大量测绘资料和地质标本，并发现南极大陆确实不是一个被冰封闭的群岛。1922年，沙克尔顿在南极探险时，因心脏病发作于1月5日凌晨不幸去世，被安葬在南乔治亚岛上的古利德维肯以南。为表彰沙克尔顿对南极探险事业的贡献，英国、美国、法国等国的南极探险组织，均以他的姓氏命名了一些地方，包括沙克尔顿海岸、沙克尔顿湾、沙克尔顿冰架、沙克尔顿岛等。

黑背鸥

南乔治亚岛　　南桑威奇群岛

大　西　洋

南极圈

威　德　尔　海

毛　德　皇　后　地

科茨地

南极半岛

亚历山大岛

别林斯高晋海

埃尔斯沃思地

彼得一世岛

瑟斯顿岛

大嘴燕鸥

伯克纳岛

查尔斯王子山脉

南　极　洲

埃尔斯沃思山脉

南　极　横

威廉二世地

沙克尔顿冰架

帝企鹅

虎鲸

罗斯冰架

贯　南　极　山　脉

威　尔　克　斯　地

维多利亚地

罗斯岛

南磁极（1909年）

罗斯海

磷虾

蓝鲸

漂泊信天翁

林肯·埃尔斯沃思是美国探险家、飞行员、工程师和科学家。1933～1939年，埃尔斯沃思曾4次参加南极探险。1935年11月23日，埃尔斯沃思和另一位飞行员驾驶单翼机"北极星号"飞越南极洲，途中发现了后来以他名字命名的"埃尔斯沃思山"。在这次飞行途中，飞机耗尽了燃油，被迫降落到"小美洲"营地上，由于没有及时通知基地，大家都认为他们失踪了。他们在营地独自生活了将近两个月后才被发现。

埃尔斯沃思

42 KR

ANTARKTIS　CARSTEN BORCHGREVINK

"博克格雷温克"纪念邮票

卡斯滕·博克格雷温克是挪威探险家。1893年，他以助手的身份加入捕捞海豹和鲸的探险活动。1898年，他率领自己的探险队，驾驶"南十字号"前往南极，于1899年1月23日穿过南极圈。探险队经历了各种险境，"南十字号"曾陷入冰山群中，营地也发生过火灾，有的探险队员还掉到了冰裂缝里。克服重重困难后，他们在南极进行了地磁观测、植物和动物标本收集等考察活动。

"白濑矗"纪念邮票

白濑矗是日本探险家。1911年2月，白濑矗率领日本探险队来到新西兰惠灵顿港口，4天后向南极挺进。1912年1月，他们到达罗斯冰架，在自己命名为"海南丸湾"的地方登岸。白濑矗的探险队没能到达南极点，但他们返回日本后依然受到了英雄般的待遇。

莫森倚靠着雪橇车休息

道格拉斯·莫森是澳大利亚地质学家、探险家。他于1907年参加沙克尔顿的南极探险队，成为其科学团的一员。1909年，莫森和同伴到达南磁极，测定其位置为南纬72°25′、东经155°16′。1911～1914年，莫森率领澳大利亚探险队到南极探测，建立了主基地和两个西方基地。1929～1931年，莫森指导了英国、澳大利亚和新西兰的联合南极考察。莫森的多次南极考察，使澳大利亚得以宣布对南极大陆640多万平方千米土地拥有主权。莫森以探险家与科学家的成就，于1914年受封爵士。

博克格雷温克　1898～1900年
威尔金斯　1928年
白濑矗　1911年
伯德　1929年
莫森　1911～1914年
埃尔斯沃思　1935年
沙克尔顿　1914～1917年

# 南极科学考察站

1904年2月，阿根廷最早开始在南极建立考察站。至20世纪50年代，在南极建立的考察站多数是以木结构为主的简易房屋，基本能保证考察人员在站上的生活和工作条件及生命安全，许多考察站仅能在南极夏季开展工作，其他时间关闭。20世纪50~90年代，各国相继在南极建立有固定基础设施的常年考察站，其建筑大多为架空式、单层钢体结构或集装箱式房屋，保温性能较好，发电、通信、运输和后勤保障功能齐全，生活、工作条件较优越。1978年1月7日，南极的第一个新生儿爱米里奥·帕尔玛在阿根廷埃斯佩兰站出生，阿根廷由此开始研究南极是否适合家庭生活。在此后的5年间，这里又陆续诞生了7个孩子。从1990年至今，随着高新技术和建筑材料的飞速发展，各国加大对南极考察的投入，逐年更新或新建南极科学考察站，其建筑大多造型新颖、抗风力强、保温性好、配套齐全、安全舒适，除了配有工作实验室、生活居室外，还有图书阅览室、商场、邮局、酒吧和体育设施等。现在，全球有30多个国家在南极建立了80多个科学考察站，绝大多数考察站都建在南极大陆边缘地区。美国、俄罗斯、日本、中国等国家，在南极内陆地区共建立了9个科学考察站。

"澳大利亚凯西站"纪念邮票

**麦克默多站**是规模最大的南极科学考察站，有"南极第一城"之称。麦克默多站由美国于1956年建成，有各类建筑100多栋，包括10多座3层高的楼房。这里是美国南极研究规划的管理中心，有通信设施、医院、俱乐部、电影院、商场等。夏季时，站上人员可达2000多人。美国在南极建有阿蒙森－斯科特站、伯德站、麦克默多站等。

**谁在说**

你好！我是位梦华，今年79岁。1982年，我与美国科学家同行到南极，对罗斯海湾海底构造进行了人工地震探测和研究，并对罗斯岛的重力进行了观察和记录。科学家也是探险家，但不是为了探险而探险，更不是为了寻求刺激，而是为了揭开大自然的奥秘。在极地考察，生死只在一瞬间，一步都不能走错。身处险境，你必须要有坚强的意志，否则身体素质再好也没用。科学家要有渊博的知识、敏锐的眼光和清醒的头脑，所以从现在开始，你不仅要努力学习科学知识，还要加强锻炼、磨砺意志，在困难面前不退缩，有了目标就要坚持下去！

南极卫生间

按图索骥

**奥尔卡达斯站**是最早建立的南极科学考察站，位于南奥克尼群岛。这个基地是阿根廷于1904年建立的，有11栋建筑物，主要研究课题有大陆冰川学、海洋冰川学、地震学和气象观测等。阿根廷在南极建有圣马丁将军站、奥尔卡达斯站、科尔韦塔站等16个科学考察站。

奥尔卡达斯站

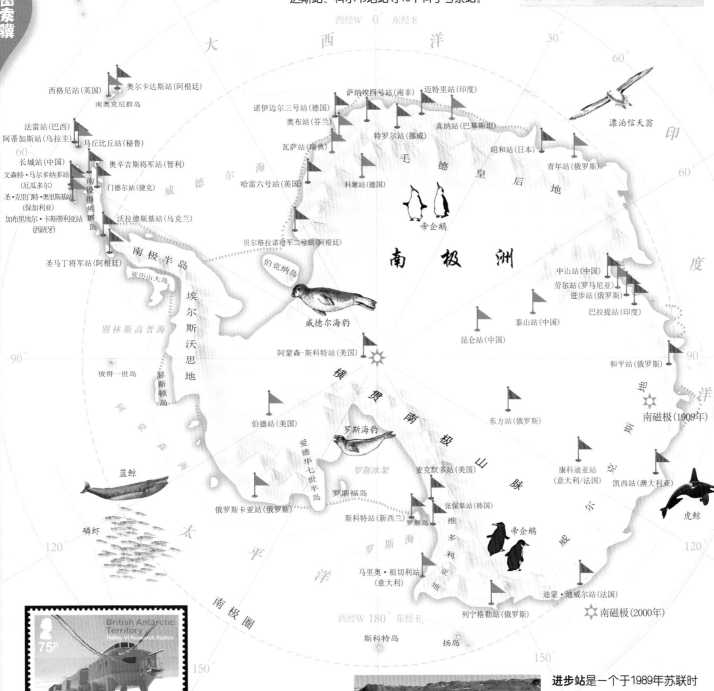

南乔治亚岛　南桑威奇群岛

西经W 0 东经E

大　西　洋

西格尼站(英国)　奥尔卡达斯站(阿根廷)

南奥克尼群岛

法雷站(巴西)

阿蒂加斯站(乌拉圭)　马丘比丘站(秘鲁)

长城站(中国)

文森特·马森纳多站(厄瓜多尔)

圣·克里门特·奥里斯基站(保加利亚)

加布里埃尔·卡斯蒂利站(西班牙)

南设得兰群岛

圣马丁将军站(阿根廷)

亚历山大岛

南极半岛

埃尔斯沃思地

别林斯高晋海

彼得一世岛

瑟斯顿岛

阿蒙森海

蓝鲸

磷虾

太平洋

南极圈

萨纳埃四号站(南非)　迈特里站(印度)

诺伊迈尔三号站(德国)

奥布斯(芬兰)　特罗尔站(挪威)　真纳站(巴基斯坦)

瓦萨站(瑞典)

昭和站(日本)

哈雷六号站(英国)　科嫩站(德国)

毛德皇后地

青年站(俄罗斯)

门德尔站(捷克)

沃拉德斯基站(乌克兰)

贝尔格拉诺将军二号站(阿根廷)

伯克纳岛

威德尔海豹

威德尔海

德龙宁

帝企鹅

南　极　洲

漂泊信天翁

印

度

中山站(中国)

劳尔站(罗马尼亚)　进步站(俄罗斯)

巴拉提站(印度)

泰山站(中国)

昆仑站(中国)

和平站(俄罗斯)

南磁极(1909年)

洋

30°

30°

60°

60°

90°

90°

120°

阿蒙森-斯科特站(美国)

横贯南极山脉

东方站(俄罗斯)

康科迪亚站(意大利/法国)

凯西站(澳大利亚)

虎鲸

威尔克斯地

伯德站(美国)

罗斯海豹

爱德华七世半岛

罗斯冰架

俄罗斯卡亚站(俄罗斯)

斯科特站(新西兰)

罗斯福岛

麦克默多站(美国)

张保皋站(韩国)

罗斯岛

维多利亚地

帝企鹅

马里奥·祖切利站(意大利)

罗斯海

迪蒙·迪威尔站(法国)

列宁格勒站(俄罗斯)

南磁极(2000年)

西经W 180° 东经E

斯科特岛　扬岛

120°

150°

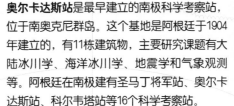

"英国哈雷六号站"纪念邮票

**哈雷六号站**是世界上第一个可移动的科学考察站，于2013年由英国建成。哈雷六号站能容纳70位科学家，可在南极冰封的荒原上随意移动。这个考察站建在一个浮动的大冰块上，由8个相互对接的四脚长舱体组成。考察站舱体可在需要时断开和迁移，舱体下的"长脚"可伸缩，使舱体升高以避开厚厚的积雪。英国在南极建有罗瑟拉站、西格尼站和哈雷六号站等科学考察站。

进步站

**进步站**是一个于1989年苏联时期建立的常年科学考察站，位于东南极大陆的拉斯曼丘陵。进步站开通了互联网和电话网络，可随时与外界沟通。进步站与中国的中山站比邻，考察队员常相互拜访，彼此之间建立了深厚的友谊。俄罗斯在南极建有东方站、青年站、友谊四号站等9个科学考察站。

# 中国南极科学考察站

　　1985年2月，中国在南极乔治王岛南部建立了长城站，这是中国建在南极的第一个常年科学考察基地。长城站平均海拔10米，距北京17502千米。经过几次较大规模的更新和扩建，长城站已具规模，有各种功能的建筑25栋，总建筑面积4200平方米。1989年2月，中国在南极拉斯曼丘陵建立了中山站。中山站平均海拔11米，距北京12553千米，总建筑面积3500平方米。2005年1月，中国第21次南极科学考察队从陆路实现了人类首次登顶冰穹A，随后考察队进行了一系列的科学考察活动和筹备工作，于2009年1月建成昆仑站。冰穹A地区极度严寒、极度缺氧，是国际南极科学研究的热点区域，特殊的地理和自然条件，使这里成为科学研究的理想之地，昆仑站的建设有望帮助中国敲开南极科学巅峰之门。2014年2月，中国在南极伊丽莎白公主地建立了泰山站。泰山站是一座南极内陆考察的夏季站，平均海拔2621米，总建筑面积1000平方米。泰山站是昆仑站科学考察的前沿支撑，还将成为南极格罗夫山考察的重要支撑平台，拓展中国南极考察的领域和范围。2018年2月，中国在南极难言岛选址奠基，准备建立罗斯海新站，预计将于2022年建成。

"泰山站"和"雪龙号"纪念邮票

**昆仑站**位于南极内陆冰盖最高点冰穹A西南方向约7300米，是中国第一个南极内陆考察站。昆仑站的主体建筑内部由17个工程舱组成，每个工程舱相当于一个集装箱。为了抵御低温，昆仑站的主体结构全部采用耐低温的不锈钢。冰穹A地区是最合适的深冰芯钻取地点，也是进行天文观测的最佳场所，甘布尔采夫冰下山脉使这里成为南极地质研究最具挑战意义的地方。

**谁在说**

　　你好，我是李栓科，今年55岁。1989年，我第一次参加南极科学考察时，就看到了幻日现象，天空中同时"挂着"六七个太阳，那时我便联想到了后羿射日的故事。也许在几千年以前，空气突然降温，空气中游离的水汽变成了小冰晶，大气折射和反射把一个太阳"变成"了好几个太阳。在南极，我遇到过企鹅，与它们有过亲密接触；看到过极光，令我心生震撼。在趴冰卧雪的南极科考生活中，我们常面临各种生死考验。我们曾在南太平洋遭遇20级台风，巨大气旋掀起滔天巨浪，将一万多吨重、八九层楼高的科考船一会儿掀到空中，一会儿又拍进漆黑的水里，科考船虽然最后突出重围，但是严重受损。在南极开展科考工作，进行物资输送、人员交换等基础工作都极困难。科考队员既要与短暂的夏季"赛跑"、完成科考任务，又要与海冰的集散拼抢、完成繁重的卸货任务。回想早期的南极探险家，他们使用帆船或小型机动船，在十分简单的后勤支持下，居然出没西风带，令人由衷敬佩！

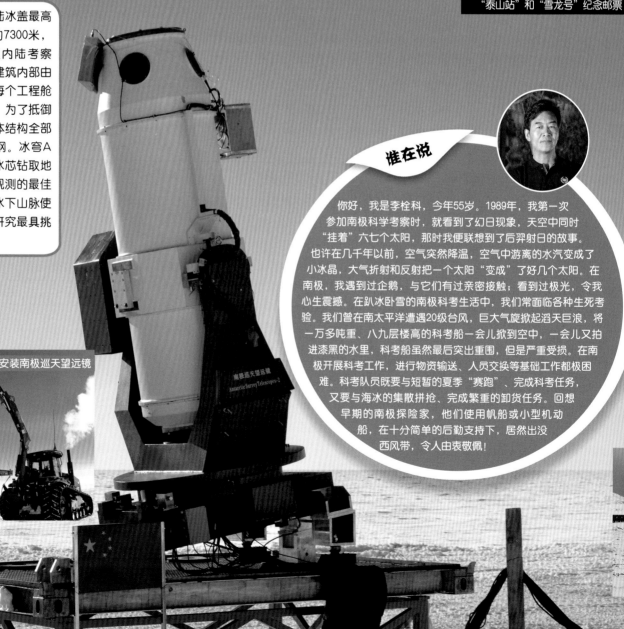

安装南极巡天望远镜

长城站:
昆仑站:

西经58° 57′, 南纬62° 13′
东经80° 22′, 南纬77° 07′

中山站:
泰山站:

东经76° 22′, 南纬69° 22′
东经73° 51′, 南纬76° 58′

按图索骥

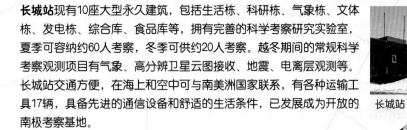

**长城站**现有10座大型永久建筑,包括生活栋、科研栋、气象栋、文体栋、发电栋、综合库、食品库等,拥有完善的科学考察研究实验室,夏季可容纳约60人考察,冬季可供约20人考察。越冬期间的常规科学考察观测项目有气象、高分辨卫星云图接收、地震、电离层观测等。长城站交通方便,在海上和空中可与南美洲国家联系,有各种运输工具17辆,具备先进的通信设备和舒适的生活条件,已发展成为开放的南极考察基地。

长城站

**中山站**位于地球磁场的极盖区,是开展日地空间物理学和极光物理学观测与研究的得天独厚之地,已建立先进的高空大气物理综合观测系统,并开展了国际合作的研究工作。中山站有各种功能的建筑20栋,每年进站工作的度夏考察人员60名,越冬人员25名。有各种运输工具19辆,具备先进的通信设备和舒适的生活条件,拥有完善的科学考察研究实验室。

**泰山站**位于中山站与昆仑站之间,可满足约20人度夏考察、生活。2019年3月,中国第35次南极科学考察队在泰山站建成新能源微网发电系统。这套系统针对高寒、大风、高海拔、低气压的特殊环境,采用定制化风机、光伏和储能电池对整套供电系统进行智能控制。在冬季无人值守期间,系统通过控制终端实现离网无人值守自主运行,为泰山站的科研仪器和站区配套设备进行供电。

中山站

泰山站

47

# 横穿南极

自从人类抵达南极点以来，穿越南极更成为许多探险家的目标和愿望。第二次世界大战后，在南极大陆四周，陆续有许多国家建立了考察站，而南极大陆的腹地仍是一个谜。1958年3月，维维安·富克斯率领的英联邦南极远征队，从威德尔海出发，到达南极点后继续走到罗斯海，完成了人类对南极的第一次穿越。为富克斯提供支援的埃德蒙·希拉里从麦克默多湾出发，在南极点与富克斯会师。1989年，美国和法国联合发起、组织了一支考察队，准备完成人类历史上第一次徒步横穿南极大陆的创举。这支考察队由中国、美国、苏联、英国、法国、日本各派一名人员组成，时任中国科学院兰州冰川冻土研究所副研究员的秦大河代表中国加入了国际徒步横穿南极考察队。这次考察，旨在向全世界展示多年来各国在南极考察活动中遵循的"合作、和平与友谊"的精神，呼吁国际社会对地球上最后一块原始大陆的关注和珍爱。考察队的口号是：保护我们的星球。科学家们在极端恶劣的环境下，对气候变化和南极冰盖的关系进行了科学研究工作。

横穿南极考察队作息表

5:30 起床、做饭、取暖
6:00 早餐、收帐篷
7:45 套犬拉雪橇
8:30 出发、滑雪
13:00 休息、午餐
13:30 出发、滑雪
18:00 寻找宿营地、搭帐篷
19:00 喂犬、做饭
20:30 晚餐
21:00 做记录、恢复体力、聊天
22:00 睡觉

## 不可不知

**国际徒步横穿南极考察队**制订了详细的行动计划，包括横穿南极路线、日程表等。他们计划于1989年11月23日到达南极点，1990年2月7日到达终点，途中有17次修整。最终，考察队历时220天，行程5896千米，横穿南极大陆，是宣示人类团结协作的一次壮举。

队员们在风暴中进餐

● 1989年7月28日，考察队6名队员驾驶3架雪橇，从南极半岛顶端的海豹岩出发，开始了他们的艰险征途。纵横交错的冰隙、积雪覆盖的暗沟，都深达数米甚至数十米，队员们用雪杖击冰探路，谨慎行进。一旦遇上南极的暴风雪，能见度只有10多米，有时他们一天只能前进2000~3000米。

● 1989年12月12日，考察队到达南极点，比原计划提前了8天。队员们登上地球极点，亲眼看到了太阳永远在同一高度绕天边转圈的奇景。他们穿越南极点时，温度为-40℃。

● 在考察队里，只有中国队员秦大河和苏联队员马雅尔斯基有科学考察任务，他们比别人付出了更多的劳动。晚饭后，秦大河扛着冰镐和斧子观测冰川、采样。在缺氧、低温、饥饿、疲劳的状况下，秦大河用冰镐挖几下就要喘气很久。这次南极之行，秦大河共采集800多瓶雪样，搜集了大量关于南极冰川、气候、环境的资料，圆满完成了从南极半岛经南极点至和平站的雪层大剖面的观测任务。

● 1990年3月3日，考察队胜利抵达终点苏联和平站。6名来自不同国家的探险队员，凭着双脚一步步艰难走过，6个国家的国旗在南极点同时展开，宣示着各国团结、探索的南极精神。

考察队到达终点

## 谁在说

你好！我是秦大河，今年72岁，参加横穿南极探险队时我42岁。从海豹岩出发时，我还不会滑雪。在南极徒步探险，没有滑雪板是不堪设想的。我只有一种选择，在行进中学会滑雪。沙莫斯是我的滑雪教练，他手把手地教我，不厌其烦地点拨窍门。我连跑带滑，一周后每天只能滑行一小时，一个月后可以全天滑雪了。最难忘的是那些勇敢的北极犬，它们从北极来到比家乡更冷的南极，每天奔跑不停，小小的脚掌被磨破了，被冻成冰血球挂在腿上。我们把伤势严重的犬放在雪橇上前进，晚上再对重伤号精心护理。这些犬性格倔强，伤势一旦好转又拖起雪橇勇往直前。对于成功横穿南极并完成考察任务，详细的行程方案、严明的组织纪律、队员们坚韧的毅力和协作精神、北极犬的帮助、先进的装备等，都很重要。不过，犬拉雪橇在南极大陆已被禁止，我们的横穿方式不可"复制"。如果你有南极探险和科学研究的梦想，希望你从现在起就要做好准备。

**维尔·斯蒂克**是美国探险家，是横穿南极探险队的发起人和队长之一。他办了一个农场，专注于他的探险事业。斯蒂克养着数十只极地犬，在北极，他已有超过2万千米的犬拉雪橇探险经验。他的格言是：我总是同新的天地较量，这就是通过探险迎接挑战。

斯蒂克

**让·路易斯·艾蒂安**是法国医生，是横穿南极探险队的发起人和队长之一。他热衷于极地探险，曾于1986年只身一人拖着小雪橇步行到北极点。他的格言是：就个人而言，挑战就是自我生存。

艾蒂安

大　西　洋

南极圈

威德尔海

威德尔海豹

科茨地

毛　德　皇　后　地

巨型海燕

漂泊信天翁

南极洲

南极半岛

亚历山大岛

别林斯高晋海

埃尔斯沃思地

彼得一世岛

赫斯顿岛

磷虾

赛普尔站

阿蒙森—斯科特站

横贯南极山脉

帝企鹅

沃斯托克站

和平站

印　度　洋

威尔克斯地

蓝鲸

玛丽·伯德地

罗斯冰架

罗斯岛

罗斯海

维多利亚地

帝企鹅

鸥鹬

太平洋

长城站

海豹岩

**舟津圭三**是日本人，在探险活动中负责驯犬。快到目的地时，晚上出去喂犬的舟津圭三很久没有回来。队友们着急地找了他一夜，直至第二天清早才循声发现他。原来，突然而至的暴风雪使舟津圭三无法辨别帐篷的位置而迷失了方向，他当机立断用小钳子挖了一个雪洞，猫身钻了进去，只露出供呼吸的小孔，坚持了下来。

舟津圭三

**维克多·马雅尔斯基**是苏联冰川学博士，多次在南极越冬。在这次探险活动中，他负责气象及臭氧层观测。每天清晨，他总是第一个钻出睡袋，打扫帐篷周围的积雪并进行"雪浴"，然后测量风速等。

马雅尔斯基

**杰夫·沙莫斯**是英国人，曾在南极工作和生活。在这次探险活动中，他负责导航和后勤。他用古老的六分仪导航的精度，几乎与先进的卫星地面测量仪器相差无几，令队员们大为惊叹。

沙莫斯

**秦大河**是冰川学家、气候学家，是中国横穿南极第一人，他以顽强的毅力克服重重艰难险阻，完成了横穿南极的科学考察任务。在出发前的体检中，医生告诉他，必须拔掉10颗有炎症的牙齿才能去南极，因为他这10颗牙齿都有一些小毛病，如果行进中牙齿发炎，会影响进食和摄取营养，体力不足将难以应对艰难的路程。为了去南极，秦大河拔掉了这10颗牙齿。由于近视，行进中他不能戴防风面罩，导致脸部被严重冻伤。他丢掉备用的衣物，将采集雪样的小瓶塞满了枕头带回来。队员们称他为"疯狂的科学家"。

秦大河

# 极地考察船

南极远离地球其他大陆，周围冰山密布，前往南极必须有能运输物资、运送人员及进行海洋考察的船只。从北极圈外到达常年被冰层覆盖的北极地区，同样需要具有抗冰能力的特殊船只。200多年来，远征极地的运输船经历了木帆船、铁壳船、抗冰船、破冰船4个发展阶段。早期的极地探险均使用木帆船，配备柴油机动力推进装置系统和多桅帆栏，可装载货物少，动力和续航能力弱，船速低，无抗冰能力。19世纪后半叶至20世纪初期，探险队大多使用铁壳船，配备柴油机推进装置系统和船用导航设备。20世纪50～80年代，极地考察船多采用钢材制造，采用了较大功率的柴油机推进装置系统、先进的卫星船用导航设备和在极区航行的特殊减摇及抗冰装置。自20世纪80年代初期起，美国、德国等开始使用极区破冰船，采用特殊船用钢材和高新设计技术制造考察船，新增直升机导航设备以及先进的破冰装置等。随着设备的更新换代，考察船的货物装载量、船速、续航能力、抗冰及破冰能力都有很大提高。美国和俄罗斯用于北极地区的核动力破冰船破冰厚度达5～6米，还可在南极、北极冬季海冰封冻严实时进行环极地破冰考察。著名的极地破冰船有美国"北极星号"、德国"极星号"、日本"白濑号"、俄罗斯"费德洛夫院士号"、中国"雪龙号"、澳大利亚"南极光号"等。自1984年11月起，中国还有"向阳红10号""J121号""海洋4号""极地号"等考察船，赴南极、北极考察，圆满完成历次考察任务。

美国"北极星号"破冰船

"雪龙号"　船长：167米　载重量：10225吨　载员：约130人　层数：6层

**不可不知**

　　**"雪龙号"** 极地考察船是中国第3代极地破冰船，是中国在南极、北极考察使用的特种交通和运输工具。1994年，"雪龙号"首航执行中国第11次南极考察任务，于2009年开始承担中国北极科学考察重任。截至2020年，"雪龙号"共承担了23次南极考察和9次北极考察任务，出航4200多天，航行里程约80万海里，是中国极地海洋调查和极地考察后勤支撑保障的中坚力量。

"雪龙号"

● 　"雪龙号"极地考察船由集装箱运输船经过多次改装而成。"雪龙号"可在100厘米厚的海冰加20厘米厚雪的冰区作业航行，以它的破冰能力，需等到两极夏季冰川大面积融化时，才能到达考察位置。

● 　"雪龙号"具有先进的导航、定位、自动驾驶系统，配备有先进的通信系统及能容纳两架直升机的平台、机库和配套设备，船上设有大气、水文、生物、计算机数据处理中心、气象分析预报中心和海洋物理、化学、生物、地质、气象等一系列科学考察实验室。

"雪龙号"在南极探路卸货

● 　2009年，在中国第26次南极科学考察中，"雪龙号"首次担负了"一船三站"的重任，先后赴南极长城站、中山站，又将所载的昆仑站科学考察员和物资送达南极大陆边缘。2012年7～9月，在中国第5次北极科学考察试航东北航道中，"雪龙号"成为中国航海史上首艘穿越东北航道的船舶。

"双龙探极"

● 　2019年10月15日，在中国第36次南极考察中，"雪龙2号"极地考察船首航南极，与"雪龙号"一起展开"双龙探极"。2020年4月23日，"雪龙号"和"雪龙2号"完成考察任务，返回上海基地码头。"雪龙2号"具有双向破冰能力，是世界第一艘获得智能船舶符号的极地破冰船，拥有智能船体和智能机舱，能帮助科学家延长科学考察作业的"窗口期"，扩大作业范围。

"雪龙2号"海上作业

# 南极洲

南极洲位于地球的最南端，是世界上平均海拔最高的洲，也是地球上最晚被发现的陆地。南极大陆绝大部分位于南极圈内，周围被太平洋、大西洋和印度洋所环绕，大陆四周大致在南极辐合带以内的水域称为南大洋。整个大陆几乎全被冰雪所覆盖，由此形成地球上最大的南极冰盖。横贯南极山脉把南极大陆分为东、西两部分。东南极洲又称大南极洲，面积占整个大陆的3/4，地势较高，基本为冰雪覆盖的高原；西南极洲又称小南极洲，面积占整个大陆的1/4，是一组被冰雪覆盖并与冰层连接在一起的群岛，其北端为伸入大西洋的南极半岛。南极气候独特，是全球最寒冷、风暴最多、风力最大的大陆；全年只有冬季和夏季，每年4月至10月为冬季，11月至次年3月为夏季。南极蕴藏着煤、石油、铁、镍等矿产资源，也是全球淡水的重要储藏地。

在南极冰盖上架设自动气象站

南极浮冰

**数说探险**

**−89.2℃** 南极洲是世界上最寒冷的大陆，年平均气温−25℃。1983年7月21日，苏联"东方站"曾测得−89.2℃的低温。这是人类有气象记录以来在地面观测站监测到的世界最低气温。

**90%** 南极大陆几乎全被大片冰盖所覆盖，覆盖南极大陆的冰原体积达3000万立方千米，约占世界冰川总冰量的90%。

**50** 南极洲是降雨极少的冰冻荒漠，其高原地区的年平均降水量仅为50毫米。极点附近的地区几乎全年无降水，空气非常干燥，有"白色荒漠"之称。

南极荒漠

**91** 南极内陆高原多暴风，许多地方长年盛行10米/秒以上的大风。1972年7月，法国的迪蒙·迪维尔站记录到的南极最大风速为约91米/秒。

**5140** 文森峰位于埃尔斯沃思山脉，海拔5140米，是南极最高峰，1935年由美国探险家埃尔斯沃思发现。文森峰山势险峻，大部分终年被冰雪覆盖，难以攀登，被称为"死亡地带"。

**8000** 1966年，科学家在苏联东方站下发现了沃斯托克湖，面积约8000平方千米，冰盖厚度是4000米。它是目前发现的最大的冰下湖泊。

**7400万** 1986年，阿根廷地质学家在南极半岛发现了距今约7400万年以前的南极甲龙化石。这也是人类历史上第一次在南极洲发现恐龙化石，证明了南极洲曾经是一块温暖的大陆。

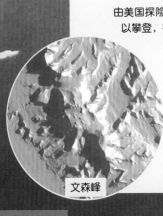
文森峰

**南大洋**又称南冰洋，是环绕南极大陆和北边无陆界的独特水域，由南太平洋、南大西洋和南印度洋各一部分，连同南极大陆周围的威德尔海、罗斯海、阿蒙森海、别林斯高晋海等组成。南大洋是唯一环绕地球未被大陆分割的大洋，面积约7700万平方千米，海水温度−2～10℃。南大洋生物种类少，生态系统脆弱，主要有磷虾和蓝鲸、长须鲸、黑板须鲸等各种鲸类，以及海豹、企鹅、鱼类、海鸟、龙虾等生物。

南极圈是地球上地域的划分界限，指南纬66°34′这条纬线，即地球上距南极点23°26′的纬度圈。南极洲的绝大部分位于南极圈内。南极圈是南寒带与南温带的分界线，南极圈以南区域阳光斜射，一年中获得的太阳辐射量很少，气温极低。这里盛行西风，有许多温带气旋，又有海冰漂浮，海洋气象非常凶险。

**南极圈附近风暴**

黑背鸥

鹱鸟

大嘴燕鸥

漂泊信天翁

西经W 0° 东经E

30°

30°

大

西

洋

南极辐合带

南
极
圈

威 德 尔 海

毛
德
皇
后
地

印

60°

60°

科茨地

威德尔海豹

伯克纳岛

查尔斯王子山脉

南 极 半 岛

亚历山大岛

埃尔斯沃思地

别林斯高晋海

文森山
▲埃尔斯沃思山脉

南

极

洲

东 南 极 洲

度

彼得一世岛

瑟斯顿岛

90°

90°

威廉二世地

西 南 极 洲

横
贯
南
极
山
脉

磷虾

阿
蒙
森
海

蓝鲸

罗斯海豹

罗斯冰架

帝企鹅

克
尔
盖
伦
地

太

罗斯岛

维
多
利
亚
地

阿
黛
利
地

洋

威

120°

120°

150°

罗 斯 海

阿黛利企鹅

虎鲸

平

☆ 南磁极（2019年）

西经W 180° 东经E

150°

60°

洋

**"雪龙号"驶入南大洋浮冰区**

南磁极是地球两个磁极之一，即磁轴与南极地表的交点。磁极的位置会经常移动。1909年1月16日，由沙克尔顿带领的探险队发现了南磁极。在中国北宋时期，沈括最早发现地理南北极与地磁场南北极并不重合，水平放置的小磁针指向与地理的正南、正北方向之间有一个很小的偏角。地球具有偶极子磁场，地球磁场的存在使地球免受太阳风的直接影响，磁层的存在对大气的成分和地面气候有重大的作用，并因此而影响地球生命的繁衍。

南极辐合带是一条明显的自然地理边界，地理位置为南纬48°～62°，是一个不规则的圆圈。这里是向北流动的南大洋表层水，与向南流动的温暖的大洋水相遇的地方，为海水温度和盐度的跃变带，辐合带两边的海洋有特别明显的差异。通常自然地理上所说的南极，即南极辐合带之内的区域。

南极洲

Name Antarctica

约1400万平方千米

两纬90°

约东经139°24′，南纬65°36′

文森峰（5140米）

# 南极冰冻圈

南极洲和南大洋表层系统中以固态形式存在的水体及相关岩石，称为南极冰冻圈，其主体是冰盖、冰架、海冰，以及积雪、冰山和冻土等。南极冰盖是长期覆盖在南极大陆上的巨大冰体，绝大部分分布于南极圈内，面积约1340万平方千米，最大厚度4776米。3000万年前，南极大陆大部分已被冰所覆盖，距今约500万年前达到现在的规模，冰盖内保存有大量反映地球气候、环境、人类活动和外太空事件的记录。冰架是冰盖的组成部分，冰盖外围发育有面积为150多万平方千米的冰架，主要有罗斯冰架、菲尔希纳·龙尼冰架和埃默里冰架等。海水含有盐分，海冰的盐度一般为3‰~7‰，海水冻结温度低于0度。海冰变化不仅影响海洋的层结、稳定性及对流变化，甚至影响大尺度的温盐环流。蓝冰是冰川和冰盖由雪演变成的不含气泡的冰川冰体，南极冰盖的蓝冰带是大型轮胎式飞机起降的理想地点。早在20世纪中后期，探险家和科学家就选择蓝冰带为飞机跑道，乘坐轮胎式飞机往返于其他大陆和南极洲。南极冰冻圈是一个复杂的、不断变化的系统，冰盖总冰量变化影响着地球气候与环境的长期演化周期。冰盖融化向海洋注入的高密度冷水成为全球海洋环流的驱动源之一，给海洋环流带来重要影响。冰盖和冰架的不稳定性又是全球海平面未来变化的最大不确定因素。

中国科考队在蓝冰区钻冰勘察

## 不可不知

**南极冰盖**属于典型的极地大陆性冷冰川，具有温度低、表面积累速率和表面消融量小、成冰作用时间长的特点，如东方站的积雪的成冰过程需3500年，因此相对比较稳定。冰盖的巨大冰量、冷储及表面高反照率，一方面可调节气候变化，另一方面也可通过边缘崩解影响海平面变化，冰下冷水流驱动全球海洋环流。

南极冰盖

● 在重力作用下，南极冰盖表面的冰从高处向低处呈放射状流出，21世纪初，南极冰盖每年降雪的积累量达2200亿吨，与冰架崩解、冰架底部融化等的消耗量基本持平，这使冰盖的规模能保持稳定。

● 南极冰盖是地球上最大的固体水库，总体积2867.2万立方千米，占世界淡水总量的80%。南极冰盖是地球上最大的冰库和冷源，对全球气候变化、海面升降和人类生活有重大影响。

● 在全球气候变暖的背景下，南极冰盖是在扩张还是收缩，成为南极冰川学研究的重要课题。科学家认为，如果南极冰盖全部融化，世界洋面将升高58米左右。

### 你知道吗

★ 2019年，中国第35次南极科考队在南极完成了相关的科学考察项目，首次成功获取南极冰盖以下基岩岩石样本。南极冰盖记录着很多古气候的信息，对其进行分析会得到地球气候变化的信息，可对未来气候的演变进行推演和判断。同时，从南极获取的岩石样本可以帮助科学家分析冰盖的形成和演化，更多地了解南极冰下的地质构造。

南极冰山

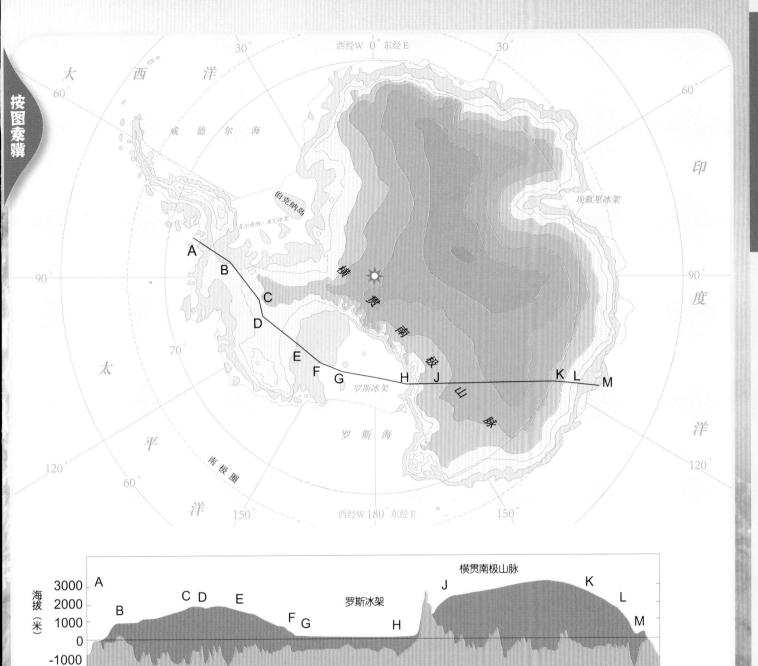

南极冰盖厚度示意图

1000米

1500米

2000米

2500米

3000米

3500米

4000米

**罗斯冰架**是地球最大的冰架，面积49.4万平方千米。1841年，英国探险家罗斯在一次考察活动中发现了这个冰架，后以其姓氏将它命名为"罗斯冰架"。冰架在冰流的推动下向前移动，其前缘移动速度1000～1200米/年。罗斯冰架是人类开展南极探险和考察的重要基地，早期阿蒙森和斯科特即从罗斯冰架沿岸出发，穿过冰架最终抵达南极点。

**菲尔希纳·龙尼冰架**是地球第二大冰架，伯克纳岛将冰架分为两部分，东面为面积较小的菲尔希纳冰架，西面是面积较大的龙尼冰架。冰架下充满海水的巨大洞穴，最深处超过1600米。菲尔希纳冰架由威廉·菲尔希纳率领的德国探险队于1912年发现，龙尼冰架由美国探险队队长芬恩·龙尼在1947年飞行中发现。

**埃默里冰架**距离中山站较近，中国曾对埃默里冰架前缘所在海域开展多次考察并采集样品。1931年，澳大利亚探险家莫森乘飞机在南极上空飞行时发现了这个冰架，后来澳大利亚在埃默里冰架附近建立了莫森科学考察站。东南极冰盖近20%的冰量是通过埃默里冰架流入海中的，冰架的变化直接关系着南极冰盖物质平衡过程及海平面变化。

罗斯冰架

菲尔希纳·龙尼冰架

埃默里冰架

# 南极奇观

南极是地球上最神秘的大陆，独特且极端的地理位置造就了这里神奇的冰雪奇观、极光美景、极昼和极夜现象。极光是发生在南极和北极的一种绚丽的发光现象，常在纬度靠近地磁极地区上空出现，一般呈带状、弧状、幕状、放射状等。由于南极地区主要是大陆，而北极地区主要是海洋，因而在南极观测和研究极光更为有利。极昼和极夜是出现在南极圈和北极圈以内的自然现象，是由地球的运动方式造成的。当我们在春分日站在南极点时，会体验到真正意义上的极夜。这一天，地球公转时南极离太阳的距离最远，在南极看不到太阳升起，南极成为地球上最黑暗、最寒冷的地方。此时，北极正值极昼，太阳全天都在地平线以上。人们通常选择在南极夏季到南极探险或考察，因为此时是南极气温最高、气候最好的时候，也是南极的极昼时间，全天24小时都有太阳照射，有利于探险和考察活动的开展。

南极极昼延时摄影图

南极极光观测地

新西兰：蒂卡普湖、基督城、但丁尼、皇后镇、布拉夫

澳大利亚：塔斯马尼亚岛

**不可不知**

**极昼和极夜**是发生在地球两极地区的自然现象，地球的自转轴与绕太阳公转的轨道平面之间有66°33′夹角，是它们形成的原因。极圈内地区因纬度不同，极昼与极夜的时长不同，纬度越高，越靠近极点，极昼与极夜的时间也就越长。

南极极夜示意图

● 每年秋分（9月23日前后）时，南极附近出现极昼，此后极昼范围越来越大。冬至（12月22日前后）时，极昼范围到达南极圈。冬至过后，南极附近极昼范围逐渐缩小。与此同时，北极经历极夜过程。

● 每年春分（3月21日前后）时，南极附近出现极夜，此后极夜范围越来越大。夏至（6月22日前后）时，极夜范围到达南极圈。夏至过后，南极附近极夜范围逐渐缩小。与此同时，北极经历极昼过程。

● 在南极点，每年只有一次日出和日落，极昼的时间为183天，极夜为182天。在北极点，每年也只有一次日出和日落，极昼的时间为189天，极夜为176天。

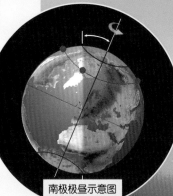

南极极昼示意图

● 极昼时太阳永照，白昼极其漫长，极地的动物必须积累足够的能量，需要不停地进食，还要高效率地养育后代。这样当极夜来临时，除部分迁徙的动物，那些留下来的动物便可度过最艰难的时期。

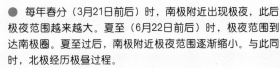

南极极昼

**南极极光**景观壮丽奇特，通常出现在南纬67°附近，中国中山站和日本昭和站是观测及调查极光活动的有利位置。研究极光活动的目的，主要是 研究等离子体层中某些物理现象，及其对通信和卫星轨道的影响。极光区的带电粒子可进一步产生出电子浓度大大增强的薄层，使高频无线电波发生异常。极光区的粒子还能够加热地球大气的顶层，引发那里的局地大风。极光还能使热层大气明显变暖，电子浓度增大，影响飞行高度低的极轨卫星。

# 南极生命

南大洋的太阳海星

  南极洲与地球其他大陆隔离，自然条件极其恶劣，是世界上唯一没有人类定居的大陆。气候严寒、干燥、风大、日照少，营养缺乏和生长季节短等因素严重限制了南极陆地植物的生长速度，一株10厘米高的地衣的寿命可能已有1万年。科学家认为，南极地衣可能是地球上仍保持生命活动的最古老的生物，它们可以用来估算冰川的年龄，还可以用于分析全球气候变化对环境的影响。南极没有树木和花卉，高等植物也很少。南极地区陆生动物稀少，但围绕南极大陆的海洋却是一个生机盎然的世界。南极海域约有150种动物，种类少、数量多，包括海豹、鲸类、鱼类、虾类等海洋动物，以及企鹅、南极贼鸥、漂泊信天翁、威尔逊风暴海燕、大嘴燕鸥、鹱鸟、鹭等鸟类。早期的探险家来到南极海域，看到前方突然出现一大片广阔的红色物质，以为是"沙滩"，就准备登陆。可当船驶近时，红"沙滩"又消失了。后来人们才知道，那是连成片的磷虾群。正是由于这些磷虾的存在，蓝鲸才能在南极海域繁衍生息。在南极海域生活的各种生物互相依存，形成了独特的食物链，浮游生物和虎鲸分别处于食物链的底端和顶端。

南极贼鸥

**南极地区植物**稀少，但特征显著，以藻类、地衣、苔藓等低等植物为主。南极有850多种植物，其中仅有3种开花植物属于高等植物，而且都生长在南极圈外。

● 南极有130多种藻类，广泛分布于陆原地面、岩石表面、石缝、冰雪以及冰雪融化时形成的暂时性溪流和水塘中。企鹅栖息地流出的溪水中含有丰富的氮、磷营养盐，藻类极其繁茂。

南极地衣

● 南极有350多种地衣。地衣的生长速度非常缓慢，即使植株最长、生长速度较快的种类，每百年才生长1毫米左右。中国长城站所在的乔治王岛有约100种地衣，当夏季地面冰雪消融后，陆地的大部分区域都被簇花松萝和南极松萝两种枝状地衣覆盖，这些地衣呈绿色，远远望去，似乎是一片片的草场。

● 南极有370多种苔藓，苔藓的营养主要来源于鸟粪和岩石风化物。中国中山站所在的拉斯曼丘陵，地处南极圈之内，南极植物更难生存。苔藓的年生长速度一般在0.1毫米以下，很多壳状地衣的年生长速度不到0.01毫米。

南极苔藓和地衣

**漂泊信天翁**生活在南极海域附近，其翼展可达3.1米，在现存鸟类中翼展最大。漂泊信天翁的滑翔能力很强，它们可在空中停留几个小时而不用挥动翅膀。当漂泊信天翁下降时，每下降1米能滑翔22米远。它们常利用西风从西向东在海洋上空做长距离飞行，10个月可飞行1.5万千米。漂泊信天翁善潜水，可下潜12米水深，以乌贼、小鱼和船只丢弃的废物为食。

海豹

**海豹**是哺乳动物，广泛分布于世界各大洋，有象海豹、豹形海豹、威德尔海豹、食蟹海豹、罗斯海豹等。海豹生活在南极大陆沿岸、浮冰区和岛屿周围海域，在陆地和冰面上行动迟缓笨拙，在海中却极灵活，十分擅长游泳和潜水。多数海豹在大块浮冰上产崽，以鱼类、贝类等海洋生物为食。近年来，人类的猎杀使海豹数量减少，许多国家已采取保护措施禁止猎杀海豹。

贼鸥

**贼鸥**是南极夏季的"旅客"，飞行能力很强，展翼翱翔时剽悍暴烈，极其勇猛。它们常在海岛上空飞翔，有时为了捕食会飞到离岸不远的海面上空与猎物周旋。贼鸥以鱼、磷虾等为食，常伺机偷猎鸟蛋和幼企鹅。贼鸥通常一次产两枚蛋，先孵出的雏鸟会仗着身体优势，抢夺父母带来的食物，雏鸟间会"骨肉相残"，弱小的鸟常被赶出鸟巢。

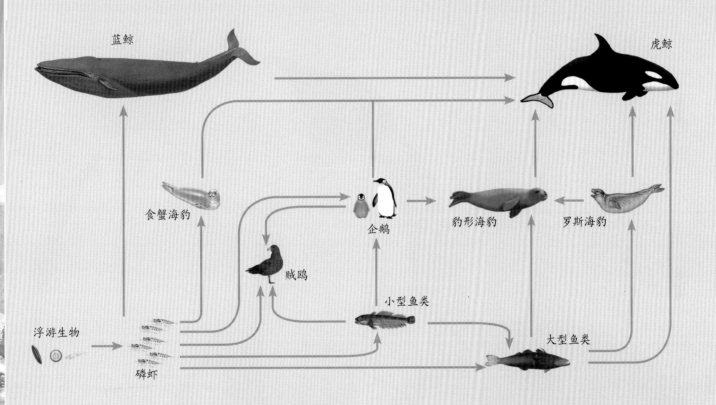

**南极磷虾**体长1～6厘米，头部两侧和腹部下方长有球形发光器，一旦受惊，便会发出萤火虫般的磷光，"磷虾"之名便由此而来。磷虾大多生活在海洋表层，是鲸、企鹅、海豹、海狗以及海鸟等南极动物的美食，数量很多。南极磷虾也是人类渔业的捕捞对象，每年有1～1.5吨磷虾被人类捕获。过度捕捞将造成南极磷虾资源匮乏，危及南极动物的生存，对南极的生态系统造成灾难性的破坏。

南极磷虾

**冰川霞水母**是霞水母属的一种，全身呈粉紫色，拥有厚实而扁平的线状触角，以磷虾、红海星和管居纽虫等底栖生物为食。成年冰川霞水母伞盖直径约1米，伞盖下有8组触手，触须长超过5米。冰川霞水母主要生活在南极附近海域，科学家们曾在南极半岛、南奥克尼群岛和南乔治亚岛的大陆架附近水域及冰川以下发现它们的踪迹。

冰川霞水母

南极生物食物网示意图 —— 能量在不同营养级之间的流动方向

# 企鹅

　　企鹅是南极的"土著居民"，是南极的象征。登上南极大陆，人们会看到成群结队的企鹅在悠闲地漫步。企鹅性情憨厚温驯，姿态气度不凡，常集大群活动。当企鹅入群和离群时，常有各种表演和鸣叫。全球有18种企鹅，全部生活在南半球。生活在南极的企鹅有帝企鹅、王企鹅、阿黛利企鹅、帽带企鹅、金图企鹅、巴布亚企鹅、喜石企鹅、浮华企鹅等，总数约1.2亿只，占南极地区海鸟总数的90%。企鹅是不会飞的海鸟，但它们能在水中灵活而轻松地游动，其中帝企鹅的游泳速度每小时可达10千米，能一口气潜水近10分钟，到达200多米的深度。企鹅以捕食磷虾为主，也吃乌贼、小鱼等海洋生物，对气候变化极其敏感。气候异常、冰层融化或食物来源剧减，会直接导致企鹅觅食困难而死亡，同时会影响企鹅的育雏行为、育雏能力及育雏成功率。2017年10月，在南极的一个阿黛利企鹅繁殖地，1.8万多对阿黛利企鹅孵出的企鹅宝宝中，仅有2只幼企鹅存活，其余全部死亡。企鹅数量减少，会影响贼鸥、海豹、海狮等动物的生存，从而对整个南极生态系统的稳定性造成威胁。

**王企鹅**大多在南极大陆沿岸的冰上繁殖，偶尔在追逐幼鸟时游至马尔维纳斯群岛等地。王企鹅秋季开始产卵，企鹅妈妈产卵后很快入海觅食，企鹅爸爸在冬季单独承担孵化任务。为了保持一定的温度，它们常集群栖息，其间，企鹅爸爸约有90天完全不进食。幼企鹅孵出后，企鹅妈妈返回原地，开始哺喂幼企鹅，企鹅爸爸则去海洋捕食。王企鹅步行笨拙，但危急时可将腹部贴于地面，以双翅快速滑雪，后肢蹬行，速度很快。

帝企鹅

**不可不知**

**企鹅的繁殖方式**很独特，多数种类的企鹅在南极的春季或夏季繁殖，企鹅父母轮流孵卵或出海捕食。有些种类的企鹅父母出海捕食时，幼企鹅会集成大群，由留下来的成年企鹅管理，过集体生活，这形成了南极生物界的奇观——"企鹅幼儿园"。

● 帝企鹅通常在南极严寒的冬季冰上繁殖后代，每年繁殖一次。雌企鹅于5月产卵，每次产一枚卵。孵卵的任务由企鹅爸爸承担，企鹅妈妈则去很远的海边捕食。企鹅爸爸将卵放在脚上，以腹部厚厚的皱皮垂下将卵盖住。成千上万的雄企鹅背风而立，共同抵御南极的风雪和寒冷，一直坚持到小企鹅孵出。约60天后，企鹅妈妈觅食归来，担当起养育小企鹅的重任，企鹅爸爸直奔远方的大海去捕食磷虾。帝企鹅体形较大，成年帝企鹅高100～130厘米。

● 跳岩企鹅又称冠企鹅，生活在南极半岛至亚南极群岛。跳岩企鹅体形较小，是企鹅中的攀越能手，行走时往前跳，一步可跳30厘米高。它们通过这种方式越过小丘、跨过坑穴。跳岩企鹅常在松动的石块上或陡峭的岩壁间筑巢，9～10月会产两枚卵，一般只有第二枚卵被孵化，幼企鹅在破壳10周后即可下海游泳。它们捕食多春鱼和小虾等海洋生物。

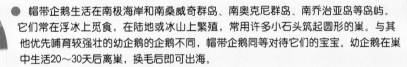
跳岩企鹅

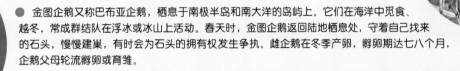
阿黛利企鹅

● 金图企鹅又称巴布亚企鹅，栖息于南极半岛和南大洋的岛屿上。它们在海洋中觅食、越冬，常成群结队在浮冰或冰山上活动。春天时，金图企鹅返回陆地栖息处，守着自己找来的石头，慢慢建巢，有时会为石头的拥有权发生争执。雌企鹅在冬季产卵，孵卵期达七八个月，企鹅父母轮流孵卵或育雏。

● 阿黛利企鹅生活在环绕南极海岸及附近岛屿，每年10月离开浮冰，来到陆地上的繁殖地交配筑巢，一块营巢地可能有数万只企鹅。企鹅妈妈每次产两枚卵，父母轮流孵卵及觅食，如果食物充足、运气好，两只企鹅宝宝都能存活，但通常只有一只宝宝能活下来。阿黛利企鹅的数量正逐年下降，有的科学家预言，也许不到10年，阿黛利企鹅将会在地球上消失。

金图企鹅

● 帽带企鹅生活在南极海岸和南桑威奇群岛、南奥克尼群岛、南乔治亚岛等岛屿。它们常在浮冰上觅食，在陆地或冰山上繁殖，常用许多小石头筑起圆形的巢。与其他优先哺育较强壮的幼企鹅的企鹅不同，帽带企鹅同等对待它们的宝宝。幼企鹅在巢中生活20～30天后离巢，换毛后即可出海。

帽带企鹅

企鹅育儿记

**谁在说**

大家好，我是王昱珩。2018年2月，我以国际环保组织——绿色和平"南极大使"的身份前往南极，呼吁南极大会设立威德尔海自然保护区，将工业捕捞等人类活动阻挡在保护区之外。去南极前，我以为能看到一百种"白"，可却看到了"五彩斑斓"的"黑"：书上说，南极被冰雪覆盖没有裸露的大陆，可实际上这里的陆地随处可见。在"企鹅岛"，见到成群生活的几百只帽带企鹅后，我不由得对这些在"苦寒之地"生存的动物心生敬意，它们才是南极真正的主人！可是，如今企鹅的栖息地已遭受人类活动的破坏，气候变化和食物短缺正使企鹅的数量迅速下降。帝企鹅或许是最能代表南极的企鹅，但我们却越来越难觅到它们的踪迹，其物种状况已为"近危"。虽然我们住在远离南极的城市或乡村，我们的行为却会对南极环境造成影响。为了不让企鹅从南极大陆永远消失，请你和我一起，从身边的小事做起，做企鹅的"守护者"。

# 保护鲸类

鲸是水生哺乳动物，生活在世界各大洋及一些河流中，是地球上最大的一类动物，其中蓝鲸是现存的体形最大的动物。人类的捕鲸活动可追溯到史前时代。约公元100年，古代的爱斯基摩人和北美印第安人即常捕鲸，以取得大量肉食、燃料和制造工具的材料。16世纪，捕鲸者追踪鲸群，在风浪中长距离行驶到纽芬兰及冰岛沿岸捕鲸。19世纪，捕鲸的范围扩展到太平洋，并向北到北极地区。1904年，南极现代捕鲸业诞生，第一个捕鲸基地在南乔治亚岛上建立，后来陆续有20多个基地和大量工作船

鲸在海滩搁浅

出现在南极大陆的边缘，南极鲸类遭到大量捕杀。早期的捕鲸活动只捕捉那些游速较慢的鲸，如露脊鲸、抹香鲸、弓头鲸、灰鲸等。随着这些鲸类的减少，以及动力船、捕鲸炮、直升机及水下声呐等的使用，蓝鲸、鳕鲸和鳍鲸等游速较快的鲸也被大量捕杀。鲸数量急剧下降，人类终于开始有意识地保护鲸类。1965年，南乔治亚岛的最后一家捕鲸公司停止运营，从此南极的捕鲸活动只允许在捕鲸船上进行。国际捕鲸委员会（IWC）裁定，自1986年暂停商业捕鲸，但是日本、冰岛及挪威等少数国家，有少数用于科学研究的捕鲸配额。南大洋现约有12种鲸，其中蓝鲸约有20万头，鳍鲸约有8万头，抹香鲸约有43万头，另外还有黑板须鲸、缟脊鲸、巨臂鲸、露脊鲸、虎鲸等。北冰洋现有蓝鲸、北极露脊鲸、角鲸、白鲸、虎鲸、抹香鲸等鲸类。

## 你知道吗

★ 2018年11月，在新西兰图尔斯特岛，陆续有鲸冲上岸边"集体自杀"，场面令人震惊和心痛。鲸保护者赶到这里，将水浇在鲸的身上，以保持这些鲸的皮肤湿润，但最终由于海滩的位置太偏僻，145头领航鲸死去。这些鲸尸被解剖后，人们发现鲸肚里装满了塑料袋和玻璃。专家推测，这些鲸的死亡与海洋污染有关。自古以来，人类就注意到了这种奇怪的现象，有时单独或成群的鲸冒险游到海边，在沙滩上拼命地用尾巴拍打水面，并发出绝望的嚎叫，最终在退潮时搁浅死亡。关于鲸"自杀"的真相有多种说法，人类活动造成的海洋污染可能是原因之一。

现存的鲸分为**须鲸和齿鲸**两大类。须鲸口中没有牙齿，只有像梳子一样的鲸须，它们以大量聚集在冰冷海水中的磷虾、浮游生物等为食，包括灰鲸、露脊鲸、座头鲸、蓝鲸等。齿鲸口中长有牙齿，能用以切割食物，咽部也较大，足以吞下乌贼、鱿鱼和各种鱼类，包括抹香鲸、瓶鼻鲸、喙鲸、虎鲸、白鲸、巨头鲸等。

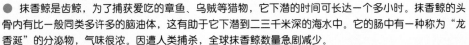

露脊鲸

● 露脊鲸是须鲸，其鲸须狭长而柔软，每侧220～260片，须长2.9米。露脊鲸以桡足类和其他小型无脊椎动物为食，可在水面缓慢地游过成片集中的浮游生物，滤食或掠食其中的食物。露脊鲸的游动速度很慢，因而被大量捕杀，濒临灭绝。

● 抹香鲸是齿鲸，为了捕获爱吃的章鱼、乌贼等猎物，它下潜的时间可长达一个多小时。抹香鲸的头骨内有比一般同类多许多的脑油体，这有助于它下潜到二三千米深的海水中。它的肠中有一种称为"龙涎香"的分泌物，气味很浓。因遭人类捕杀，全球抹香鲸数量急剧减少。

虎鲸

抹香鲸

● 海豚是体态较小的齿鲸，全球有30多种，包括普通海豚、宽吻海豚、领航鲸、虎鲸、里索氏海豚等。虎鲸又称逆戟鲸，曾被日本、挪威、俄罗斯等国大量捕猎。虎鲸智商极高，能发出60多种不同的声音，有的虎鲸被人类训练后在海洋公园或动物园进行商业表演。美国的一个海洋公园中有一头36岁的虎鲸，自2岁时被人类圈养，33年后死亡。

蓝鲸：脊索动物门哺乳纲鲸目须鲸科须鲸属

蓝鲸分布于从南极到北极之间的各大海洋中，以接近南极附近的海洋中数量较多。蓝鲸是世界上现存体形最大的动物，最大的雌鲸体长超过33米。蓝鲸是须鲸，口内有270～395对黑色鲸须板，最大的鲸须板长不到1米。它们常单独或成对活动，在主要摄食场可形成10余头小群聚栖。蓝鲸主要以磷虾为食，一头蓝鲸一天能吃810吨磷虾。蓝鲸的皮下有一层厚厚的脂肪，早期被用来制作肥皂、鞋油等，因此蓝鲸遭到大量捕杀。

# 保护南极

近百年来，登上南极大陆的人越来越多，仅2018年就有5万多名游客到访。南极正面临巨大的考验，环境受到人为破坏后，将很难复原甚至无法修复。过去50年间，南极半岛的平均气温升高了3℃左右。约3万亿吨南极冰在过去25年间融化，其中75%在近10年内融化。20世纪60年代，人们开始在南极海域捕捞花纹南极鱼，由于过度捕捞，这个物种几乎从南乔治亚岛周围消失。1989年，阿根廷客货轮"天堂湾号"在南极海域失事，油料随海洋扩散，造成大面积海洋污染，这个地区的鸬鹚巢穴减少了85%。半个世纪以来，人类对南极采取了一系列保护措施，逐渐有所成效。目前，已有36个缔约国加入了《南极海洋生物资源养护公约》，并由南极海洋生物资源养护委员会负责管理南极渔业。1964年，《南极条约》协商国通过了《南极动植物保护议定措施》，首次提出在南极设立"特别保护区"。南极地区已建立了70多个保护区，其中罗斯海保护区有近75%的面积禁止商业捕捞。

KENYA 90/-

UNEP

The Montreal Protocol
on Substances that Deplete the Ozone Layer

《蒙特利尔议定书》纪念邮票

南极夏日

**谁在说**

你好！我是刘丽，是一名地球三极科学探险考察组织者。2011年，我组织了中国第一个中学生南极科学考察团。在考察活动中，中国科学院的科学家们，带领中学生对南极半岛的冰川、海水及大气样品进行采集分析。同学们还与南极动物有了近距离接触，观察鲸、海豹、企鹅及各种鸟类的生存状况，获得了关于南极生态情况的丰富资料。为什么要组织中学生去地球三极考察呢？我的父亲刘东生是一位研究地质的科学家，在我中学时代他曾对我说："有梦是何等的美好和幸福，尤其是青少年的梦！青少年的梦，是人生出发的地方，是人生行走的方向，是人生努力的目标。青少年的梦，可以影响一生、指引一生。"为青少年提供圆梦的机遇即是我此举之目的。组织中国的中学生去南极考察，还可以让中国的下一代，从中学时代开始就参与保护南极环境的工作，毕竟地球的绿色未来还需要你们去创造！

**不可不知**

**南极臭氧洞**是因臭氧损耗所形成的臭氧柱浓度减小的区域，从地面向上观测，此处的高空臭氧层极其稀薄，与周围相比像是形成了一个洞。1985年，英国科学家观测发现，自1975年以来，每年10月份南极总臭氧浓度都会减少30%以上。在过去10～15年间，每到春天南极上空的平流层臭氧都会发生急剧的大规模的耗损，尤其在臭氧层的中心地带，近95%的臭氧会被破坏。这已是最严重的全球性大气环境问题之一。

释放探空气球

● 距离地球表面15～40千米高的大气层是臭氧层。臭氧层能有效吸收太阳光中的紫外线，使地面上的生命免受紫外线的伤害。人工生产的氯氟烃类和哈龙类物质是破坏臭氧层的主要因素。在南极上空20千米的高度，因低温形成的冰晶云加剧了氯的催化作用，大量臭氧被分解，同时在南极地区特殊的大气物理条件下形成了臭氧洞。

南极上空1980年

● 南极臭氧洞会造成紫外线辐射增加，加速南极冰川融化、海平面上升。高能量的紫外线还可能会提升人类皮肤癌和白内障等疾病的发病率。强烈的紫外线可以穿透海洋10～30米，抑制海洋浮游动物的生长，对南大洋的生态系统产生不利影响，也会致使鲸类和海豹等动物的表皮损伤，并对农作物的生长造成影响。

观测臭氧洞

● 1987年，43个国家签订了《关于消耗臭氧层物质的蒙特利尔议定书》，约定从1993年开始，逐步停用含有氯氟烃的制冷设备。目前，南极臭氧洞正在慢慢地缩小，2000～2017年，南极臭氧洞面积减少了400万平方千米，有科学家预计臭氧洞将在30年后恢复到自然大小。

南极上空2019年

**格罗夫山哈丁山南极特别保护区**距离中山站约400千米，是中国于2008年在格罗夫山中部的哈丁山设立的首个南极特别保护区，目的是保护哈丁山一带完整的南极内陆冰盖进退遗迹和珍贵的风蚀地貌与冰蚀地貌。保护区内的冰川地质现象有重要的科学价值、荒野价值和美学价值，人类的无序活动会对这个地区造成永久性破坏。

《南极条约》1959年
《南极生物资源保护公约》1980年
《保护南极动植物议定措施》1964年
《南极矿物资源活动管理公约》1988年
《南极海豹保护公约》1972年
《关于环境保护的南极条约议定书》1991年

# 向珠穆朗玛峰进发

珠穆朗玛峰简称珠峰。居住在珠峰北侧的中国藏族人民，最早发现珠峰并为其命名。18世纪初，中国以官方名义正式对珠峰进行测绘，并使用"朱母朗马阿林"的名称将其载入国家版图。19世纪40年代，人们最早在印度测得珠峰的高度，并确认珠峰是喜马拉雅山脉最高峰，喜马拉雅山系及珠峰开始进入探险家及登山者的视野。珠峰有"女神""圣女"的含义，居住在珠峰南侧的尼泊尔人将其称为"萨加玛塔"，有"摩天岭"或"世界之顶"之意。欧洲国家及美国又将其称为"埃佛勒斯峰"，是以英属印度测量局局长的名字命名的。珠峰山体呈巨型金字塔状，覆盖着万年积雪，山谷中发育着巨大的冰川，周边地形极其险峻，除了居住在山峰两侧的人民，很少有人了解它。在成功登顶之前的30多年内，人类共开展了14次珠峰攀登，其中10次由英国组织，其余4次分别由丹麦、加拿大、美国和瑞士完成。为了成功登顶，各国都派遣最优秀的登山者，耗费数周确定攀登路线，雇佣夏尔巴人为向导，组建登山队。攀登世界最高峰是一项艰难的挑战，登山者不仅要提防雪崩、冰崩、暴风雪等来自大自然的威胁，还要克服高原反应、晒伤和失温症等疾病带来的困扰。在早期的珠峰探险活动中，大部分人都无功而返，少数人不幸长眠于雪山之中。登山家乔治·马洛里曾被问及为何要攀登珠峰，他回答："因为它就在那里。"这句话成为激励无数登山爱好者攀登高峰、挑战自我的座右铭。

夏尔巴人

## 你知道吗

★ 夏尔巴人大多生活在尼泊尔索鲁昆布地区，也有一部分居住在中国西藏自治区。每年攀登珠峰的登山队，都少不了夏尔巴人向导。由于长期生活在空气稀薄的高海拔山区，夏尔巴人的肺活量比普通人大得多，再加上长期与严峻的自然环境进行斗争，他们成为最擅于攀登珠峰的人。在攀登珠峰的过程中，夏尔巴人不仅负责探路、开路，还要为登山者提供后勤保障。

**数说探险**

**7010**　1921年，英国登山队在查尔斯·霍华德·伯里的带领下，首次从中国西藏自治区攀登珠峰，由于缺乏经验，准备不足，登山队止步于海拔7010米。他们宣布这是一次侦察活动。

伯里带领的英国登山队

**8380**　1922年，第二支英国登山队在查尔斯·格兰维尔·布鲁斯的带领下，仍取中国境内的北坡路线攀登珠峰。这是人类历史上第一支尝试使用氧气瓶登山的探险队。登山队最终到达海拔8380米处，突如其来的雪崩造成7人遇难。

布鲁斯带领的英国登山队

**8170**　1924年，第三支英国登山队攀登珠峰时，马洛里和安德鲁·欧文在登顶的过程中失踪。1999年，一支美国探险队在北坡海拔8170米处发现了马洛里的遗体，却没有发现相机。二人是否成功登顶，成为世界探险史上著名的"马欧之谜"。

欧文　马洛里

发现马洛里遗体

**8460**　1933年，由休·拉特利奇领导的第四支英国探险队再次试图攀登珠峰。恶劣的天气和队员的疾病致使攀登延误，探险队到达海拔8460米后被迫返程。他们在这里发现了马洛里的冰镐，证实马洛里和欧文在这个高度附近遇难。

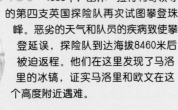
拉特利奇

**7000**　1934年，只学习了半年飞机驾驶技术的英国人莫里斯·威尔逊，计划从尼泊尔一侧独自驾驶飞机进入珠峰地区。由于尼泊尔政府拒绝飞机进入，他不得不从中国境内攀登珠峰。1935年，一支英国登山队在北坡海拔7000米附近，发现了威尔逊的遗体和日记。由此，威尔逊被认为是世界上第一位尝试独自攀登珠峰的人。

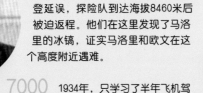
威尔逊

# 首次登顶成功

20世纪50年代，随着尼泊尔解除边境禁令，珠穆朗玛峰迎来了历史上第一个攀登高峰期。1952年，瑞士登山队成为第一个拿到尼泊尔登山许可证的探险队，由于天气突然恶化以及队员氧气装置故障，瑞士队无功而返。1953年，英国探险队把握住了机会，队员埃德蒙·希拉里和夏尔巴人丹增·诺盖代表英国成功登顶，至此，人类第一次登顶珠峰。如今，登顶已经从专业登山家的非常壮举，发展为普通登山爱好者也能实现的愿景。成功挑战这座世界最高峰的人越来越多，在攀登过程中仍然发生了许多悲剧，珠峰南坡的昆布冰瀑和洛子坡等险峻的地理环境让很多登山者命丧于此。世界之巅以其冷酷无情的一面不断地提醒着人们，自然的力量是多么强大且难以预料。

希拉里和丹增

不可不知

1953年5月29日，英国登山队的新西兰人希拉里和夏尔巴人丹增从南坡攀登珠峰，为后来的登山者开辟了南坡登顶路线。他们二人成为人类史上**首次登顶珠穆朗玛峰的人**。

"希拉里登顶"摩纳哥纪念邮票

● 1953年4月，准备充足的英国探险队雄心勃勃地从珠峰南坡出发。拥有成功攀登阿尔卑斯山经历的希拉里和经验丰富的丹增被选为登山队的先锋队员。

● 4月26日，当希拉里和丹增准备越过一个狭窄的冰缝时，希拉里不慎从冰面上摔倒，在他将要跌入深渊之时，丹增将冰斧插入地面，紧紧地拉住了绳索，及时挽救了希拉里的生命。在冰雪中，希拉里和丹增成为相互信任的伙伴。

● 5月29日6时30分，希拉里和丹增在一个晴空万里的早晨启程，对珠峰峰顶发起最后的冲击。在离峰顶只有一步之遥时，他们遇到了后来被命名为"希拉里台阶"的一段岩壁。沿着细细的裂缝攀上岩壁后，他们即将登顶。

● 5月29日11时30分，希拉里和丹增终于登上了世界之巅，喜马拉雅山的全貌展现在他们眼前。他们拥抱，简单庆祝。希拉里在峰顶为丹增拍下了一张照片。遗憾的是，由于丹增不会使用照相机，希拉里本人未能留下纪念照片。

按图索骥

珠穆朗玛峰南坡大本营位于尼泊尔境内，海拔5364米，建立在高低起伏的昆布冰瀑之上。1953年，英国登山队选择了昆布冰瀑这条路线，沿途穿过冰瀑和西库姆冰斗，攀登洛子峰的陡峭斜坡后，抵达南坳，经过艰难历程后登顶。希拉里和丹增第一次成功登顶珠穆朗玛峰后，南坡大本营便成了登山者在南坡上山和下山时使用的基础营地。如今，这里有帐篷和各类基础设施，登山者在大本营休整后，可继续进行攀登。

珠穆朗玛峰南坡大本营

"希拉里台阶"位于珠穆朗玛峰东南山脊，海拔8790米，以登顶珠峰第一人希拉里的名字命名。希拉里台阶非常狭窄，仅容一人通过，两侧便是万丈深渊，台阶上布满不规则的石块，行进非常艰难。登山者通过希拉里台阶后，继续沿着山脊攀爬一小时后就可以成功登顶。

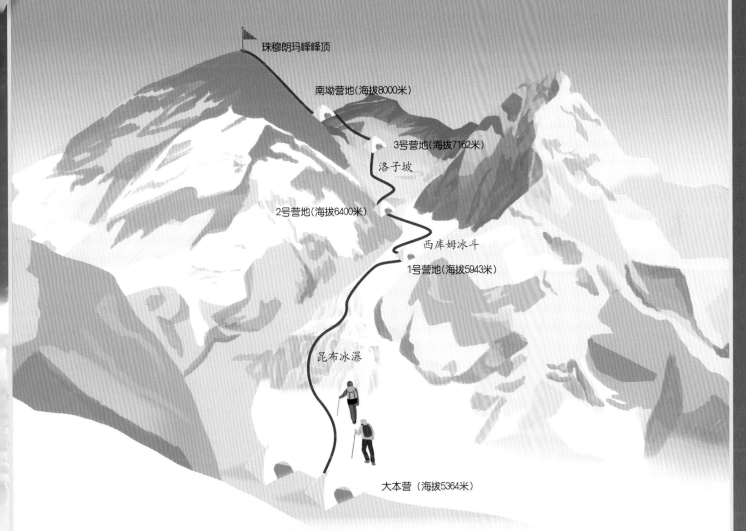

珠穆朗玛峰峰顶

南坳营地（海拔8000米）

3号营地（海拔7162米）

洛子坡

2号营地（海拔6400米）

西库姆冰斗

1号营地（海拔5943米）

昆布冰瀑

大本营（海拔5364米）

昆布冰瀑

**昆布冰瀑**位于珠穆朗玛峰尼泊尔一侧，海拔5468米左右，是南坡攀登路线上四大关的第一道关卡。这里的冰川结构不稳定，时常发生冰崩和冰桥断裂。在南坡，30%的事故都发生在昆布冰瀑，昆布冰瀑因此被称为"恐怖冰瀑"。

洛子坡

**洛子坡**是洛子峰的西坡，海拔6400多米，"洛子"是南的意思。频繁发生的雪崩和不断下落的岩石使得洛子坡非常危险，呈50°以上倾斜的冰雪混合峭壁十分考验登山者的攀登技术。2016年，一位夏尔巴人在此处失足遇难。

# 从北坡登顶珠穆朗玛峰

珠穆朗玛峰北坡位于中国西藏自治区。在1950年尼泊尔开放南坡边境之前，北坡是各国登山队攀登珠峰的必经之路。在早期珠峰探险活动中，北坡裸露的岩石、垂直的峭壁和光滑的冰坡，对于登山者是极大的挑战。西方登山者称珠峰北坡为"死亡之路"，1960年之前，没有人从北坡成功登顶。1960年3月19日，以史占春为队长的中国珠峰登山队进驻珠峰北坡大本营，5月23日前完成了北坡攀登路线的侦察、修路及4次高山适应性行军等。在行动过程中天气突变，登山队损失惨重，几十名登山队员都有不同程度的冻伤，登顶计划一度遭遇失败，登山队甚至准备撤退。后来，登山队振作精神、重整旗鼓，在"第二台阶"处采用人梯叠加的方式，克服了北坡东北山脊上最大的难点。1960年5月25日4时20分，王富洲、屈银华、贡布经过艰苦卓绝的攀登，最终完成了登顶任务，实现了人类历史上第一次从北坡登顶珠峰，创造了世界登山史的新纪录。中国登山队成功从北坡登顶世界最高峰，鼓舞了正处于3年困难时期的中国人民，捍卫了国家和民族的尊严。

攀登珠峰北坳

珠穆朗玛峰峰顶位于中国和尼泊尔的交界处。1961年10月5日，中国与尼泊尔正式签署了《中华人民共和国和尼泊尔王国边界条约》，正式确定珠穆朗玛峰北坡及北侧峰顶归属中国，南坡及南侧峰顶归属尼泊尔。

## 你知道吗

★ 1955年，中国正式将攀登珠峰的计划提上日程，并组织运动员前往苏联学习登山技术。1960年，中国珠峰登山队采用渐进式登顶策略，主力登山队员与运输队员同时同负重参加历次登山适应性行军。第一次行军，登山队前进至6400米高度，沿途建立3个高山营地，并侦察北坳路线。第二次行军，北坳修路队率先出发，打通从北坳底部到顶端的"登山公路"，在海拔7007米处建立营地。4月29日～5月23日，登山队完成了第三次和第四次行军，建立了8500米突击营地，选取4名突击队员冲刺峰顶。同时，气象组监测，珠峰好天气"窗口期"即将过去。突击队员抓住机会，于5月25日好天气的最后一天，登上了峰顶。一直以来，中国和尼泊尔对于珠峰的归属各执一词。1960年3月12日，中国与尼泊尔正式展开边境谈判。在这个特殊的历史时期，中国登山队从北坡成功登顶珠峰的壮举，向世界展现了中国的力量与气魄，在一定程度上对两国边境问题的顺利解决起到了积极作用。

1960年登上珠峰峰顶海拔8500米及8500米以上的登山队员
王富洲、屈银华、贡布、刘连满、史占春、王凤桐、许竞、多加、石竞、拉巴才仁、邬宗岳、郭贝坚赞、索南多吉、米马、云登、米马扎西、劫加

**不可不知**

1960年1月，中国拨款70万美元从瑞士采购登山装备；一个月后中国珠峰登山队正式成立，全队214人平均年龄24岁。登山队选取王富洲、屈银华、贡布、刘连满组成**登顶突击队**，发起最后冲刺。5月25日4时20分，3名登山运动员成功登顶珠峰，在历史上第一次把五星红旗插在了世界最高峰上。在此次攀登中，还有13人登上了海拔8500米及8500米以上的高度。

王富洲于1958年加入中国登山队，曾登上列宁峰、慕士塔格山等。1960年，王富洲临危受命任中国珠峰登山队突击队长，带领队员克服艰难险阻，成功登顶珠峰。王富洲长期从事登山运动，早年登山时被冻伤，晚年深受脑血栓和听力、视力障碍的困扰。

王富洲

屈银华于1958年加入中国登山队，曾登上列宁峰、念青唐古拉东北峰等。1960年，在攀登珠峰"第二台阶"时，屈银华穿着鞋底布满钉子的登山靴，为了避免伤害甘为"人梯"的队友，他脱掉了登山靴，仅穿着线袜的双脚在严寒中暴露了数小时。最终，严重的冻伤让他永远失去了十根脚趾。

屈银华

贡布出生于西藏自治区，于1956年参加中国人民解放军，1958年加入中国登山队，曾登上唐拉堡、慕士塔格峰等。1960年登顶珠峰后，贡布从背包里拿出登山队委托他们带上顶峰的五星红旗和毛主席半身石膏像，放在一块大岩石上，并用细石保护起来。此后，贡布建议登山队给"第二台阶"搭上梯子。

贡布

训练中的登山队

刘连满于1958年加入中国登山队，曾登上贡嘎山等。1960年5月24日，刘连满在北坡海拔8680米处，以自己的身体做"人梯"，帮助队友攀越了号称"飞鸟也无法逾越"的"珠峰的最后一道门"——第二台阶。之后，精疲力竭的刘连满没有继续攀登，他冒着生命危险，把自己的氧气瓶留给了队友。

刘连满

# 中国登山队再登珠穆朗玛峰

1960年中国登山队完成首次登顶珠穆朗玛峰任务后，中国开始筹备1975年第二次珠峰攀登计划。与第一次不同的是，第二次珠峰攀登将登山探险和科学考察紧密地结合在一起。1975年，中国珠峰登山队共434人攀登珠峰，并开展大规模科学考察，探险队员和科学家们联合开展了地质、生物、高山生理、大气物理和测绘等多项科学考察，为珠峰地区的科学研究收集了珍贵资料。1975年5月27日14时30分，中国登山队9名队员从北坡登顶珠峰。在这次攀登中，已是3个孩子的母亲的潘多，成为中国第一位登上珠峰的女登山运动员，也是世界上第一位从北坡登顶的女性。

潘多等队员返抵大本营

**绒布寺**位于绒布冰川末端，海拔约5200米，建于1899年，是世界上海拔最高的寺庙。独特的地理位置和壮丽的自然景观，使绒布寺吸引了大批游客和登山者来此地驻足。1975年，中国珠峰登山队将大本营建立在这里。从此绒布寺就成了珠峰北坡攀登路线上的第一个营地。

## 不可不知

**攀登珠峰气象预报**直接关系着登顶能否成功。气象预报的第一阶段为进山前，预测雨季到来的大致时间，提前安排整体行军活动。第二阶段是登山气象预报组进山到达大本营后，预测4~5月有几次可能登山的窗口期好时段。第三阶段是真正准备登珠峰时，气象组做未来5天的攀登珠峰气象预报，并在登山队行进过程中，不断观测、订正气象预报，帮助登山队找到合适的登顶时机。

● 珠峰旗云被称作"世界最高的风标"，观察旗云的动向对于1~2天的短期天气预报有很大帮助。旗云飘动的方向可以帮助判断峰顶高度附近的风向，旗云顶部起伏波涛的状态可以帮助估算高空风速的级别。

● 1975年5月1~7日，珠峰的旗云宛如万马奔腾，表明不宜攀登，登山队在海拔8600米冲锋了两天也没能上去。5月8~16日，珠峰旗云扶摇直上，预示可以攀登。由于过度疲劳、食品断绝，登山队员寻找不到去"第二台阶"的路径，在非常好的登顶天气条件下，被迫向下撤离，直到5月底再次冲锋才登顶成功。

● 研究云和南支西风槽的关系对气象预测也有重要作用。在南支西风槽来之前，珠峰西北侧开始出现高云中的卷云，高云慢慢变为中云和积云，这预示着三天以后珠峰会有大风雪。大风雪以后，天气转好，宜于攀登珠峰。通常前期的大风雪越强，后期的天气越好。

珠峰旗云

在海拔6600米跨越冰裂缝

在峰顶竖立觇标

**峰顶科学考察**是1975年珠穆朗玛峰登山队的重要任务之一。中国登山队从北坡登上珠峰后，在山顶竖起了3.52米高的红色觇标，配合测量队员完成了中国首次珠峰高程测量。此外，登山队还配合科学考察人员进行了心电遥测和地质样本采集等工作，填补了中国高海拔科学考察的空白。为了配合做好遥测心电图，潘多冒着高寒的天气在珠峰顶部的冰雪上静静地躺了六七分钟。

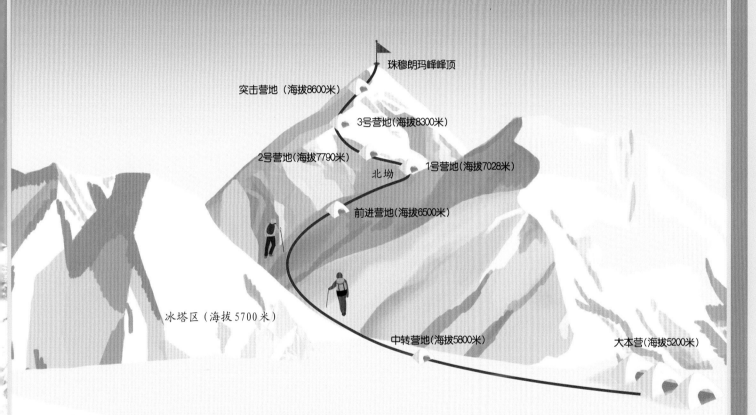

珠穆朗玛峰峰顶

突击营地（海拔8600米）

3号营地（海拔8300米）

2号营地（海拔7790米）

北坳

1号营地（海拔7028米）

前进营地（海拔6500米）

冰塔区（海拔5700米）

中转营地（海拔5800米）

大本营（海拔5200米）

珠峰"中国梯"

"中国梯"位于珠穆朗玛峰东北山脊海拔8680米左右的"第二台阶"上。1975年，中国登山队再次攀登珠峰时，在岩壁上架设了高近6米的金属梯。从此以后，从北坡攀登珠峰的各国登山队员都要经过这个金属梯，因此，它又被称为"中国梯"。2008年5月27日，"中国梯"光荣退役，被收进珠峰登山博物馆永久珍藏。

海拔7000多米的冰川

"大风口"海拔7400~7500米，受"狭管效应"影响，这里的最大风速经常达到12级，能把人吹落悬崖。1975年4月20日，中国登山队的测量分队在此处进行重力测量，为了方便操作，藏族队员普布脱掉了右手手套，冒着-40℃的严寒测得了重力数据，创造了世界重力测量史上的奇迹。普布也付出了沉重的代价，严重的冻伤让他永远失去了四根手指。

# 勇攀珠穆朗玛峰

自1921年人类第一次攀登珠穆朗玛峰以来，世界各地的登山者纷纷向珠峰进发。得益于更好的攀登装备、精准的天气预报和更多的商业攀登活动，成功登顶珠峰的人越来越多。1923～1999年，有1160多人次登顶珠峰；2000～2015年，有5800多人次登顶珠峰。在2019年春季登山季，有241人从中国境内的珠峰北坡登顶，北坡登顶累计达到3019人次。攀登珠峰是世界上最危险的登山运动之一，除了陡峭险峻的山路和难以预测的高山气候，攀登人数增多也造成了巨大的安全隐患。由于每年适合登顶珠峰的"窗口期"好天气只有短短几天，几乎所有登山者都在这个时间段集中向山顶冲刺，线路拥堵、后勤保障不足等状况随之而来。至今，在珠峰埋葬的尸体总数超过了200具，有些尸体埋葬处甚至成了攀登线路上的"地标"。随着商业登山运动规模的扩大，珠峰生态环境遭到了日益严重的破坏。然而，各种艰难险阻没能阻挡攀登者们的脚步，他们不断地挑战极限，刷新着珠峰攀登史的各项世界纪录。

珠峰救援队运送伤员

**数说探险**

**21.5** 1999年5月26日，夏尔巴人巴布·库里创造了在珠峰峰顶停留21.5小时的最长时间纪录。

**13** 2010年5月22日，来自美国加州的13岁少年乔丹·罗麦罗从北坡成功登上珠峰，成为世界上最年轻的登顶者。

三浦雄一郎

**80** 2013年5月19日，日本登山家三浦雄一郎在80岁时，第3次登上珠峰，成为世界上最年长的登顶者。

**22** 2015年4月25日，尼泊尔大地震导致珠峰雪崩，一支探险队22人无一生还。2015年成为自1975年以来攀登珠峰死亡率最高的年份，也是自1953年以来首次无人登顶的年份。

遇难者遗物

**24** 卡米·瑞塔·夏尔巴是尼泊尔登山家和登山向导。2019年5月21日，他第24次登上珠峰，成为世界上登顶次数最多的人，刷新了由自己保持的世界纪录。

**305** 珠峰是登山者们的"圣地"，也是极其危险的"死亡之地"。截至2019年5月，攀登珠峰遇难者已达305人。

不可不知

登顶珠穆朗玛峰对很多登山爱好者而言，是难以抵制的诱惑。攀登珠峰是一项极具冒险精神的极限运动，这些平凡而伟大的**攀登者**一次又一次成功地站在了世界之巅，向世界展现了人类勇攀高峰、永不言弃的精神力量。

梅斯纳尔

● 莱茵霍尔德·梅斯纳尔是世界上最伟大的登山家之一。他受父亲的影响，从小就酷爱登山。1978年，梅斯纳尔未携带供氧设备，独自一人成功登顶珠峰，创造了历史纪录。10年后，梅斯纳尔登上了世界上所有海拔8000米以上的14座山峰，被誉为"登山皇帝"。

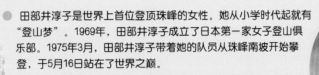

田部井淳子

● 田部井淳子是世界上首位登顶珠峰的女性。她从小学时代起就有"登山梦"。1969年，田部井淳子成立了日本第一家女子登山俱乐部。1975年3月，田部井淳子带着她的队员从珠峰南坡开始攀登，于5月16日站在了世界之巅。

● 桂桑是中国登山运动员，是世界上首位两次从北坡登上珠峰的女运动员。1990年5月9日，桂桑在"中苏美1990年珠穆朗玛峰和平登山队"中，作为中国唯一的女队员登顶珠峰。1999年5月27日，西藏登山队全员登上珠峰采集第6届全国少数民族传统体育运动会的圣火火种，42岁的桂桑再次从北坡登顶。

桂桑

● 夏伯渝是中国第一位登顶珠峰的残疾人。1975年，他在攀登珠峰中因严重的冻伤而失去了双脚。这种打击并没有阻止夏伯渝攀登的脚步，2014～2015年，他4次尝试攀登珠峰，但都以失败告终。2018年5月14日，69岁的夏伯渝终于登上了珠峰。

夏伯渝

著名登山者

纳瓦·昆布：首位两次成功登顶者　1964～1965年

吴锦雄：首位登顶的台湾同胞　1993年

弗朗茨·奥普尔格：首位独自登顶者　1978年

汤姆·怀特塔克：首位登顶的截肢患者　1998年

让·马克·博伊文：首位使用滑翔伞从峰顶下山者　1993年

埃里克·魏亨麦尔：首位登顶的盲人　2001年

# 攀登珠穆朗玛峰线路

珠穆朗玛峰登顶线路共有约19条。北坡传统线路和南坡传统线路是比较成熟的商业登山线路。北坡寒冷多风且风力强，攀登技术难度高，总体路程比南坡长，因此从北坡登顶要比南坡登顶难度更大。其余十几条线路为非传统登山线路，这些线路比两条传统线路危险得多，大部分线路自开创之后就从未被其他登山队重复攀登过。1975年9月24日，经过英国和日本两国联合登山队的多次尝试，英国登山运动员克里斯·鲍宁顿实现了人类历史上首次从西南壁登顶。1980年5月19日，波兰传奇登山家捷西·库库其卡和其队友安杰·库茨卡耗时16天，从南面柱状山脊线路成功登顶。1983年10月8日，美国3名登山队员从东壁转东南山脊线路成功登顶。2004年5月30日，俄罗斯3名登山者耗时两个月，沿北壁中央直上线路，实现了人类历史上首次从北壁中央登顶。北京奥运火炬接力珠峰传递登山队采用了北坡传统线路，2008年5月8日，登山队成功登顶并在峰顶点燃"祥云"火炬，实现了奥运火炬登上世界第三极的梦想。

北京奥运火炬接力珠峰传递登山队

飞越珠穆朗玛峰

**谁在说**

你好，我是罗申，今年57岁。在我的工作和生活中，最让我难忘的是与珠穆朗玛峰的8次相逢。我在25岁时第一次到达冰天雪地的珠峰大本营，那时对珠峰知之甚少，没想到连喝水都要先刨冰，将冰融化后再烧开。1988年，我参加了中日尼三国首次联合南北双跨珠峰，50天的攀登经历让我学到了很多。2003年，我第一次成功登顶。2008年，我担任北京奥运火炬接力珠峰传递中国登山队总教练和副队长，再次登顶。当火炬在峰顶点燃并传递时，我拍摄了五星红旗、奥运五环旗、北京奥运会会旗、燃烧的奥运火炬和火种灯同在世界之巅的珍贵画面。在多年的登山生涯中，我曾因暴风雪患上雪盲症，因疏忽冻伤右手无名指和小指导致手指截肢，我还曾与死神擦肩而过。挫折让我明白，高山探险只有热情是不够的，要有深入学习、精益求精的态度，以及吃苦耐劳、团结协作、顽强拼搏的精神。登山不是为了征服山，是为了征服自己。朋友，对你来说攀登珠峰可能是一个遥远的梦想，希望你脚踏实地、磨炼意志，梦想成真！

不可不知

1988年5月5日，中日尼珠穆朗玛／萨加玛塔友好登山队实现了从南北两侧登顶，成功会师并跨越珠峰。南北两侧两个登山队在顶峰会师后，北侧队员由南侧下山，南侧队员由北侧下山，以此实现珠峰的"双跨越"。**中日尼三国首次联合南北双跨珠峰**，揭开了世界登山史新的一页，展现了"运动无国界"的高尚精神。

中尼队员在峰顶

● 1987年2月24日，中国、日本、尼泊尔三国约定于1988年开展三国联合南北双跨珠峰的攀登活动，并计划使用卫星实况转播，让世界人民都能够身临其境地目睹运动员登顶的精彩瞬间。

● 1988年3月，三国联合登山队员抵达珠峰南北两侧大本营，双跨珠峰活动拉开帷幕。联合登山队由265人组成，每个国家的主力队员为30人。4月15日清晨，登山运动员开始向珠峰发起冲击。

攀越昆布冰川

● 1988年5月5日16时25分，中国登山运动员大次仁、尼泊尔登山运动员安格·普巴从南侧登顶，并与从北侧登顶的日本记者中村省尔、三枝照熊、中村进在峰顶会师。三国联合登山队在峰顶会合，完成南北双跨世界最高峰。

南侧登顶之际

● 在这次联合登顶活动中，中日尼登山队12人全部登顶，其中6人在人类登山史上首次成功进行了珠峰南北大跨越。中国登山运动员次仁多吉、仁青平措、大次仁和李致新登顶，次仁多吉成为第一个从北坡向南坡跨越珠峰的中国人。中国科学院使用专机进行高空电视直播，这是人类第一次在珠峰上空航拍登山场景。

致力于攀登珠峰线路及开创时间
南坡传统路线 1953年
东壁转康雄壁线路 1983年

北坡传统路线 1960年
北壁中央直上线路 2004年

西南壁线路 1975年

南面柱状山脊线路 1980年

# 珠穆朗玛峰高程测量

珠穆朗玛峰的精确高程一直为世人关注。1714年，清朝康熙政府曾派专员入藏测绘地图，对珠峰及周边地区进行了首次科学测量，将珠峰标注在1719年的《皇舆全览图》中，明确标出了它的经纬度，并称其为"朱姆朗马阿林"。这是有关世界最高峰科学发现与命名的最早文献记载。1847～2005年，各国求证珠峰高程已经历10次之多。印度首先开展了4次珠峰高程测量，中国测量了5次珠峰高程。2005年，中国珠峰复测采用了卫星定位与雷达测深技术，发布了珠峰岩石面海拔高程8844.43米。伴随着剧烈的地壳运动，珠峰处于持续抬升与漂移中。峰顶冰雪的消融与岩石的风化剥蚀以及冰川的下滑移动，导致珠峰高度不断变化。200多年来，随着观测技术的进步、测量基准的精化，历史上一个个珠峰高度测量的"答案"，将被更加精准的测绘成果所替代，人类对珠峰高度的探寻也不会停止。

珠峰高程测量纪念碑

**数说探险**

调试测量仪器

**8783.7** 1847年，印度在距离珠峰322千米处进行长距离观测，得到珠峰高程为8783.7米，确认珠峰是喜马拉雅山脉最高峰。这是珠峰高度的第一次测量。

**8847.6** 1952～1954年，印度对珠峰进行了第4次测量，在尼泊尔境内距珠峰约56千米、海拔约4500米处进行观测。印度采用了三角测量法，测得珠峰雪面高程为8847.6米。这次测量的观测站海拔低、距离远，未在峰顶设立觇标。

**8849.75** 1966～1968年，中国两次组队综合利用天文、重力、水准及三角观测技术，在珠峰地区建立了34个观测点的测量控制网，首次从北坡测得珠峰雪面高程为8849.75米。这次测量的观测站比较靠近珠峰，交会角度得到扩展，观测高度也有提升。

**8848.13** 1975年，中国首次在珠峰峰顶竖立3.52米的红色金属测量觇标，测量了雪深92厘米；随后以9个观测站测量珠峰，得到8848.13米的珠峰岩石面高程。本次测量还在距珠峰约1900米、海拔约7000米处观测了重力。

**8846.27** 1992年，中国同意大利合作，首次从南北两侧对珠峰进行测量，由意大利登山队携带觇标、激光反射棱镜及GPS登顶测量，测定的峰顶岩石面高程为8846.27米，雪深2.55米。

**8849.87** 1999年，两名美国登山家在5名藏族登山者的协助下，成功登上珠峰峰顶。他们运用GPS测量，计算测得珠峰高度为8849.87米。

**8844.43** 2005年，中国携带精密测量设备成功登上珠峰峰顶，架设了GPS、激光反射棱镜的组合三角测量觇标，测定珠峰峰顶岩石面海拔高程为8844.43米，覆雪深度3.5米，观测精度达到0.21米。

向海拔7028米进发

珠穆朗玛峰

Name Qomolangma Peak

东经86°55′ 北纬27°59′

▲ 8844.43米

**不可不知**

**中国珠穆朗玛峰高程测量**开展了6次，其中有独立测量，也有与外国合作测量。每次测量都制订了较完善的技术方案，测量手段和方法也越来越全面。1975年，中国首次测得的珠峰覆雪高程被中国长期沿用，并得到世界公认。2020年，中国组织珠峰复测，测得迄今为止最完整、最精确的数据。

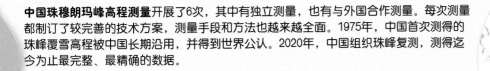
大地测量

● 在1975年的测量中，中国将珠峰观测站推进到距离珠峰8.5千米、海拔6242米处，综合利用了三角测量、导线测量、水准测量、三角高程测量、天文测量、重力测量以及温度垂直梯度测量等技术。

● 2005年，中国进行珠峰高程复测，第一次准确得到峰顶岩石面的高程。在连续两天的观测中，科考队员既使用了传统测量技术，也采用了光电测距、连续GPS观测、冰雪探测雷达等现代高新技术，获得了用肉眼看不见的雪层、冰层、混合层一直到岩石面的准确数据。

● 2020年，中国再测珠峰"身高"。这次峰顶GNSS测量首次依托中国自主研发的北斗卫星导航系统，并使用重力仪进行了人类首次在珠峰峰顶的重力测量。

2020年觇标

珠峰高度是从峰顶沿着垂线到达大地水准面的高度，又称海拔高。由于珠峰位于板块碰撞的边缘，这里的地壳厚度约70千米，远大于17千米的平均地壳厚度，大地水准面通过这里时有剧烈的起伏。因此，测绘者需在珠峰周围做重力观测，才能获得珠峰下大地水准面的形态，从而获得准确高程。

放飞高空探测气球

● 珠峰地区是喜马拉雅山脉地壳运动最活跃的地区之一。近30年的观测资料显示，珠峰山体以2.2厘米/年左右的速度抬升，并以4~5厘米/年的速度向东北方向移动。由于在峰顶难以埋设一个固定观测标志，峰顶的高程会因觇标的位置而不同。峰顶雪面高度在不同年份会有变化，须参照雪下的稳定岩石高度确定峰顶高度。

**谁在说**

你好！我是张江齐，今年55岁。2005年，我第3次参加了珠峰高程测量，攀登到了7100米的北坳。这里是东绒布冰川的源头，低压寒冷、空气稀薄，只有不到1/3的氧气，已经接近海拔8000米的死亡地带。我们用50多头牦牛运送仪器和食品，在不断升高的营地中进行测量工作。珠峰是世界的最高峰，是人类宝贵的自然地理资源，是人类追求最高、最强、最好的精神象征。200多年来，珠峰在升高，岩石在风化，冰雪在移动，科技在进步，人类的求真历程改写了一个个珠峰高度的"答案"。它的求证过程标志着国家科学技术的发展水平，也关系到国家主权、民族自尊、科技水平和社会文明。珠峰高程测量是一项非常危险的工作，也是一项最能将探险与科学融合的工作，它能把人类生命的力量发挥到极致。珠峰就在那里，女神般矗立在世界之巅，旗云猎猎，等你来！

# 青藏高原

青藏高原是世界最高的高原，有"世界屋脊""地球第三极"之称。高原总面积约250万平方千米，主体位于中国西南部，地跨西藏自治区和青海省全部、新疆维吾尔自治区南部边缘、甘肃省西南部、四川省西部和云南省西北部。青藏高原平均海拔约4500米，总体西北高、东南低，主要有阿尔金山脉、祁连山脉、喜马拉雅山脉、唐古拉山脉、横断山脉、昆仑山脉等，囊括了全球所有海拔超过7000米的山峰，其中珠穆朗玛峰、乔戈里峰等山峰海拔超过8000米。这些高大山脉构成了高原地形的骨架，高原上空气稀薄，大气干洁，太阳辐射强，昼夜温差大。青藏高原冬季风大而干燥，夏季受西南季风影响较大，降水增多。高原水力资源丰富，河网密集，较大的河流有雅鲁藏布江、怒江等；湖泊广布，青海湖是中国最大的内陆湖和最大的咸水湖，也是中国面积最大的湖泊。青藏高原自然环境独特，生态系统保持相对完好，已建立150多处自然保护区，并建有中国第一个国家公园——三江源国家公园。高原东南部森林茂密，野生植物和动物种类繁多；其余大部分地区主要为高寒草甸和草原，拥有广袤的天然牧场。青藏高原地广人稀，是藏族分布最集中的地方，也生活着汉族、回族、蒙古族、土族等其他民族。这里是藏传佛教的发祥地和圣地，有布达拉宫、大昭寺、扎什伦布寺、塔尔寺等寺庙宫殿。

布达拉宫

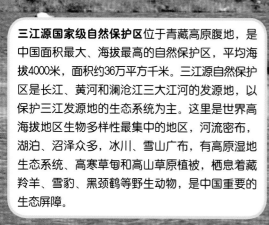

**三江源国家级自然保护区**位于青藏高原腹地，是中国面积最大、海拔最高的自然保护区，平均海拔4000米，面积约36万平方千米。三江源自然保护区是长江、黄河和澜沧江三大江河的发源地，以保护三江发源地的生态系统为主。这里是世界高海拔地区生物多样性最集中的地区，河流密布，湖泊、沼泽众多，冰川、雪山广布，有高原湿地生态系统、高寒草甸和高山草原植被，栖息着藏羚羊、雪豹、黑颈鹤等野生动物，是中国重要的生态屏障。

冰原上的生命

## 你知道吗

★ 青藏铁路是世界海拔最高、线路最长的高原铁路，被誉为"天路"。青藏铁路的大部分线路处于高海拔地区和无人区，修建铁路时工人克服了冻土坚硬、高原缺氧、生态脆弱三大难题。2006年7月1日，青藏铁路正式通车，它东起西宁，西至拉萨，全长1956千米。青藏铁路途经可可西里自然保护区和羌塘自然保护区。为保护野生动物，铁路沿线修建了多处野生动物迁徙通道，以保证藏羚羊等野生动物自由、安全迁徙。

**喜马拉雅山脉**耸立在青藏高原南缘，分布在中国、巴基斯坦、印度、尼泊尔和不丹等国境内，主要部分在中国和尼泊尔交界处。山脉全长约2500千米，宽200~350千米，平均海拔6000多米，是世界上最高大、最雄伟的山脉。喜马拉雅山脉有110多座海拔7350米及7350米以上的山峰。全球14座海拔8000米以上的高峰，有10座在喜马拉雅山脉。

攀登珠穆朗玛峰

**珠穆朗玛峰**位于中国与尼泊尔交界处的喜马拉雅山脉中段，海拔8844.43米，峰顶雪深3.5米，是世界最高峰。珠峰是典型的断块上升山峰，周围有许多规模巨大的山谷冰川和冰川群。山区春季、秋季、冬季干燥而风大，夏季为雨季，4~5月和10月是攀登珠峰的黄金季节。珠峰北坡和南坡气候差异很大，北坡在中国境内，降水少，呈大陆性高原气候特征；南坡在尼泊尔境内，降水丰沛，具有海洋性季风气候特征。

**唐古拉山口**海拔5200多米，呈南北走向，是唐古拉山脉的重要隘口，也是中国最高的山口之一，藏语意为"台阶形的山口"。唐古拉山口是青海省和西藏自治区两省区的天然分界线，也是沿青藏公路进入西藏的必经之地，是青藏公路最高点。青藏铁路在山口西侧约30千米处通过，附近建有世界海拔最高的火车站——唐古拉站。

**雅鲁藏布江**全长2057千米，发源于喜马拉雅山北麓的杰玛央宗冰川，流经中国、印度和孟加拉国，是中国最长的高原河流，也是世界海拔最高的大河之一。雅鲁藏布江源头海拔约5590米，总落差达5400余米。雅鲁藏布江在古代藏文中被称为"央恰布藏布"，意为"从最高顶峰上流下来的水"。雅鲁藏布江流域上游人烟稀少，是野生动物的乐园；中游两岸支流众多，是西藏古代文明的发源地之一；下游流至帕隆藏布后骤然急转进入连续高山峡谷段，江水在峡谷中奔流，蕴藏着充沛的水力资源。

雅鲁藏布江堰塞湖河段

# 青藏高原科学考察

青藏高原是全球海拔最高、独特而又年轻的地域单元，与其年龄相比，它为世人所知的时间非常短。近100多年来，科学家对青藏高原的形成之谜和演化规律，以及它对世界环境、气候带来的影响进行了探索。自19世纪下半叶起，有多位外国探险家和科学家先后在这个当时空白的地理区域，进行考察和调查，涉及地质、地理、气候、水文、冰川、植物、动物、风土民情和宗教习俗等方面。其中，瑞典探险家斯文·赫定三次考察西藏，英国植物学家弗朗西斯·金敦·沃德对东喜马拉雅山和高原东南部峡谷区进行多次探险考察，取得了第一手科学资料。20世纪30年代，中国科学家刘慎谔、徐近之、孙健初等曾分别前往青藏高原，对植物、地理和地质进行考察。自20世纪50年代起，刘东生、施雅风、孙鸿烈等率领中国科学家对青藏高原展开了一系列大规模的科学考察。1973年，中国科学院对青藏高原进行了综合科学考察，这是人类历史上第一次用系统的、科学的方式对青藏高原开展的科学考察。2017年8月，中国启动了第二次青藏高原综合科学考察研究。经过几代科学家的努力，中国在青藏高原几亿年来的地质发展历史、古地理环境的变迁、高原隆升的影响、资源利用保护等方面取得了系统性的考察成果。中国和尼泊尔等多个国家已经建立了纳木错站、藏东南站、加德满都站等近40个科学观测站。

科学家在冰塔区考察

**纳木错**是中国第二大咸水湖，也是世界海拔最高的大湖。湖面海拔4718米，湖水面积1920平方千米，湖区面积约1.06万平方千米。纳木错位于藏北高原东南部，念青唐古拉山峰北麓，藏语为"天湖"之意，蒙古语称"腾格里海"。纳木错流域范围内野生动物资源丰富，湖泊的形成和发育具有冰川作用的痕迹，湖水含盐量高，极具青藏高原自然地理环境代表性。建立在纳木错湖边的纳木错多圈层综合观测研究站，是中国海拔最高、长期有科研人员值守的野外观测站，主要进行大气、冰川、积雪、湖泊、生态等全方位的科学监测研究。

**青藏高原隆升**是一个由数次板块碰撞引起的、漫长而持续的板块构造拼合过程，具有多阶段、非均匀、不等速的特点。经过地质学、古生物学、气象学等多学科考察发现，5500万年前，因印度板块和亚欧板块的碰撞，青藏高原开始隆升；3000万～4000万年前，青藏高原由大海变成陆地，约200万年前隆升到如今的高度。青藏高原地壳仍保持着强烈活动态势，10万余年来，每年平均上升10毫米以上，至今以年平均5～6毫米的速度继续上升。

- 青藏高原并不是"铁板"一块。冈底斯山是青藏高原的第一座大山脉，是它生长的雏形，主峰为冈仁波齐峰。约5600万年前，冈底斯山隆升到了4500～5000米。6500万年前，喜马拉雅山地区仍是海洋；5500万年前海洋消失，海水蒸发，海拔升至约1000米；2100万～1900万年前，海拔升至2300米，此后约1500万年前快速隆升，达到现今高度。

- 青藏高原隆升对中国大地版图的形成及文明的产生有重要作用。在中国西高东低三级阶梯状的地理环境中，青藏高原孕育出黄河、长江、澜沧江、怒江以及雅鲁藏布江等河流，促成了黄土高原的形成。随着喜马拉雅山隆升超过青藏高原，南亚季风气团向北传输受到阻挡，青藏高原逐渐干旱，南亚季风从旁走向华南，带去雨水，沙漠环境变得越来越湿润，如今的鱼米之乡、烟雨江南逐渐形成。

- 在青藏高原的形成过程中，新物种应运而生，为当今世界生物多样性奠定了基础。隆升前的江河湖源区分布着热带动植物群落，高原隆升至高寒环境后，披毛犀、古棱齿象、北极狐、盘羊和藏羚羊等哺乳动物的祖先出现在高原。随后的生物演化主要通过"走出西藏"和"高原枢纽"两种模式完成。一部分向北迁徙，成为冰期动物群最主要的组成部分；另一部分留在高原，成为今天高原动物群最重要的代表。

冈仁波齐峰

西藏披毛犀复原图

藏羚羊

## 你知道吗

★ 2018～2019年，科学家们检测了一块出土于青藏高原白石崖溶洞中的人类下颌骨，发现这块下颌骨属于生活在16万年以前的丹尼索瓦人。通过对比研究，科学家们认为丹尼索瓦人适应高海拔环境的时间远远早于现代人。同时，有研究表明现今的夏尔巴人和藏族人的部分基因遗传自丹尼索瓦人，这也在一定程度上解释了为什么他们能够在高寒缺氧地区正常生活。青藏高原丹尼索瓦人的发现，为研究东亚史前人类的演化奠定了基础，也刷新了世界范围内史前人类在高海拔极端环境生存的最早纪录。科学家们还在青藏高原发现了尼阿底遗址、梅龙达普洞穴遗址等多处人类活动遗址，证明人类在很早之前就开始挑战并适应高原环境，在苦寒的世界屋脊上劈石为矛、追逐野兽。

青藏高原
Name Qinghai-Tibet Plateau
汉族、藏族、回族、蒙古族、土族等
西经74°～104°，北纬25°～40°
雅鲁藏布江、怒江、澜沧江、长江、黄河、青海湖、纳木错、察尔汗盐湖等
8844.43米
约1000万

# 失衡的 "亚洲水塔"

　　第三极冰冻圈是全球中低纬度冰冻圈最发育的地区,将第三极和南极、北极的研究同步展开,可以全景式地反映全球的气候变化。这里的冰川是中国乃至整个亚洲冰川的核心,拥有最靠近人类的冰区和全球最主要的高海拔冻土区。冰川可以储水,高大山体可以拦截水汽,冰川、冻土、积雪、湖泊、陆地生态系统又可以调节河川径流,因此青藏高原被称为"亚洲水塔",其社会与生态效应影响着20多亿人的生存环境。近年来,科学家发现素以干燥、寒冷著称的青藏高原正在变暖变湿,增温速度是全球平均值的两倍。青藏高原冰冻圈呈现出强烈的退化趋势,冰川融化加速、湖泊水位上升,最终固态和液态水体结构失衡,"亚洲水塔"原有的平衡被打破。一方面,青藏高原的生态环境变化整体向好;另一方面,冰冻圈变化给青藏高原生态系统和生物多样性带来了直接影响,高海拔特有物种消失以及未来水资源短缺的潜在风险加大,一些灾害也随之而来,冰崩、冰湖溃决、泥石流等自然灾害发生的频率增高。为了对"亚洲水塔"及周边地区进行更精确的科学考察,科学家开展了低位观测,并加强了高空观测,"极目"系留浮空器可以达到海拔7003米的高度,无人机、遥感等技术的应用和进步,也在现今的科学考察中发挥了重要作用。

冰蘑菇

**绒布冰川**起源于珠穆朗玛峰,位于海拔5300~6300米的广阔地带,是珠峰最大的冰川。绒布冰川全长约22.4千米,面积约85.4平方千米,包括东绒布冰川、中绒布冰川和西绒布冰川。这里发育着长达5.5千米、相对高度为20~60米的冰塔林。海拔5800米左右的冰川因海拔高、景色奇,被登山探险者们誉为"世界上最大的'高山上的公园'"。这里还分布着大量冰茸、冰桥、冰芽、冰针、冰蘑菇等不同形状的冰川,千姿百态,蔚为壮观。绒布冰川部分融水汇集而成的冰水河流是绒布河。受气候持续变暖的影响,绒布冰川处于不断退缩的趋势。

**数说探险**

**36793** 青藏高原发育有现代冰川36793条，占中国冰川总数的79.4%，面积超过49873平方千米，冰储量约4561立方千米。

**14.3%** 据统计，1970～2008年，青藏高原共有5797条冰川消失，总面积为1030.1平方千米；有2425条冰川分离、分解成为5441条冰川，冰川面积退缩了14.3%。

在冰川内考察

**16%** 近几十年来，青藏高原多年冻土退化了16%，冻土稳定性减弱，积雪面积总体呈减少趋势。

**80%** 过去50年来，青藏高原80%以上的湖泊都在扩张，湖泊面积从4万平方千米增至4.74万平方千米，大于1平方千米的湖泊数量从1081个增至1236个，主要河流的径流量也在增加。

冰碛湖

中绒布冰川

**29** 青藏高原拥有热带雨林至高山草甸的完整植被垂直带和北半球最高海拔的高山树线。100年以来，高山树线位置平均上升了29米，最大上升幅度达80米。

**5100万** 自2000年以来，青藏高原生态系统每年净吸收5100万吨碳，占中国陆地生态系统碳汇的15%～23%。高山树线上升增加了森林生物量，有利于提高生态系统的碳汇功能，但冻土融化会释放大量"老碳"到大气中，将加剧气候变暖。

冰川退缩后的石漫滩

**姚檀栋**是冰川环境与全球变化学家、中国冰芯研究奠基者之一，开拓、发展了中国的冰芯研究。2017年，他获得瑞典人类学和地理学会颁发的维加奖，是首位获奖的亚洲科学家。自20世纪80年代以来，姚檀栋先后进行了祁连山敦德、古里雅、达索普、普若岗日、慕士塔格等世界高海拔冰芯的钻取和研究。其中，古里雅冰芯长达308.45米，是全球中低纬度迄今最深、最古老的冰芯；达索普冰芯钻取自海拔7200米，是全球海拔最高的冰芯。通过冰芯研究，姚檀栋和其他科学家们揭示了青藏高原过去10多万年来的气候变化特征，发现自末次间冰期以来青藏高原同南极和北极地区一样，经历了5次大的气候波动旋回，得到了青藏高原的冰川正在加速全面退缩等重要研究成果。

# 穿越雅鲁藏布大峡谷

雅鲁藏布大峡谷是青藏高原最具神秘色彩的地区，有着独特的地理构造，被科学家视为"打开地球历史之门的锁孔"。从19世纪80年代起，陆续有英属印度间谍、英国地理学家、英国植物学家等进入雅鲁藏布大峡谷地区。刘赞廷是首位有记录的进入大峡谷的中国人，他在《藏地秘史》中详细记载了1909年进入大峡谷的艰难历程。1973～1976年，中国科学院青藏高原科学考察队派出大峡谷水利资源考察队，首次进入大峡谷腹地进行科学考察，但这一轮科学考察没能穿越核心无人区，没有找到传说中的藏布巴东瀑布。1982～1985年，中国科学院登山科学考察队进入大峡谷，再次进行科学考察，考察队配合国家登山队攀登南迦巴瓦峰，从不同方向分6条路线进入大峡谷，先后进行4次多学科考察，此行也没有见到藏布巴东瀑布。1994年4月17日，新华社向全世界报道，雅鲁藏布江下游的大拐弯峡谷是真正的世界第一大峡谷。1998年10～12月，中国科学院200人以分段穿越的方式完成大峡谷的全程考察，这是人类首次徒步穿越雅鲁藏布大峡谷。考察队分3个分队，第一分队及第二分队由测绘、水文、植物、地质、昆虫等领域的学者、记者和登山者组成，发现了藏布巴东瀑布群、扎旦姆瀑布群等四组大瀑布群，珍稀濒危树种原始红豆杉林，缺翅目昆虫等，历尽艰辛终于"揭开"了这块"地球上最后的秘境"的面纱。

雅鲁藏布江

**雅鲁藏布大峡谷**位于雅鲁藏布江下游，是全球最长、最深的峡谷。大峡谷全长504.6千米，最深处6009米，峡谷进口处海拔3000米，出口处海拔155米。雅鲁藏布大峡谷围绕南迦巴瓦峰形成一个奇特的马蹄形大拐弯，穿切喜马拉雅的崇山峻岭，又切割在青藏高原东南急斜坡上呈连续"V"字形峡谷。大峡谷核心无人区河段从西兴拉到帕隆藏布江口20余千米河段，峡谷河床出现四组大瀑布群，一些主体瀑布落差30～35米，集中蕴藏着丰富的水力资源。

**谁在说**

我是高登义，今年80岁，我有幸参与了1982年以来中国对雅鲁藏布大峡谷地区的历次主要科学考察。探索研究雅鲁藏布大峡谷是中国科学研究任务的需要，也是几代中国科学家的共同愿望。在我和我的队友们近20年亲近雅鲁藏布大峡谷的过程中，一点一滴的科学发现都会激起我们对雅鲁藏布大峡谷的热爱，都会在我们的心灵中铭刻下对大峡谷的深情厚谊。雅鲁藏布大峡谷独具特色的壮美河山以及它所具有的科学内涵，逐渐为我们认识，与我们相知，并逐渐让更多的人认识它、关注它、热爱它。不过，对雅鲁藏布大峡谷的探索是无止境的，我们目前认识和发现的雅鲁藏布大峡谷的自然规律也不是一成不变的。雅鲁藏布大峡谷中的更多奥秘，等着你们去寻找，去发现。

**藏布巴东瀑布群**位于距帕隆藏布汇入口约20千米的河床上，海拔2140米，分为高35米和高33米的两个瀑布群。藏布巴东瀑布群气势壮观，洪水期时，雅鲁藏布大峡谷内江水泛滥，考察队只能选择枯水期深入峡谷考察。1998年11月，雅鲁藏布大峡谷科学考察队在大峡谷内首次发现这个大瀑布。

藏布巴东瀑布

**雅鲁藏布大峡谷水汽通道**面向孟加拉湾，是为青藏高原输送印度洋暖湿气流、保证区域降水的重要通道。水汽通道上形成的强降水带，对青藏高原地区的自然环境和人类活动有巨大而深远的影响。它带来的巨大降水，哺育了中国最大的海洋性冰川——卡钦冰川，保护了"亚洲水塔"的水资源。水汽通道还推动了生物带和气候带北移，为植物和动物提供了立体的生态条件，丰富了青藏高原地区的物种多样性。同时，水汽通道为雅隆河谷造就了宜于农牧业发展的气候，使这里成为藏民族文化的重要发祥地之一。

**缺翅目昆虫**是一类原始的稀有昆虫，被称为"昆虫活化石"。最初发现的种类都是无翅型，故命名"缺翅目"。中国科考人员曾在南迦巴瓦峰登山考察时发现缺翅昆虫，在林芝海拔1900米的地方采集到缺翅目昆虫的标本。1998年的科学考察发现，再次表明大峡谷地区具有特殊优越的生态环境及物种的多样性，对于研究生物地理格局的分布和变迁具有重要价值。缺翅目昆虫原生活在赤道附近的热带、亚热带地区，后由于印度洋板块与欧亚板块碰撞，在中国西藏东南地区形成了独立的种群。

缺翅目昆虫标本

**原始红豆杉林**在世界上分布极少，属濒危树种。在1998年的科学考察中，中国科学家张文敬在大峡谷无人区发现了原始红豆杉林。据考察，天然红豆杉林分布区域遍布大峡谷海拔2500～3200米地区。红豆杉最大单株树高30多米，胸径最大达70厘米以上。红豆杉可观赏和药用，中国已在黑龙江等地建立了培育人工红豆杉林基地。

在核心区发现原始红豆杉林

水汽运行方向
历年进入大峡谷的6条路线
1998年穿越大峡谷路线
①～⑥
1分队考察路线
2分队考察路线
瀑布分队考察路线

# 雅鲁藏布大峡谷自然保护区

雅鲁藏布大峡谷自然保护区是中国唯一以热带为基带，具有最完整山地生态系统垂直带谱，有着最丰富的山地生物多样性的国家级自然保护区，主要保护对象为山地森林生态系统及生物多样性资源。奇特的峡谷大拐弯和青藏高原最大的水汽通道环境，使其拥有险峻的自然奇观和独特的生态资源。保护区内汇集了数条江河，雅鲁藏布、帕隆藏布、易贡藏布、米堆藏布、波德藏布、东久河等大河全部在大峡谷附近汇合。这里有四组大瀑布群，其主体瀑布落差30～35米，集中蕴藏着丰富的水力资源。保护区有从高山冰雪带到低河谷热带季雨林带等9个垂直自然带，景观各异，生物资源极其丰富，有喜马拉雅红豆杉、穗花杉等珍稀植物，云豹、金钱豹等珍稀动物，被誉为"植物类型天然博物馆""生物资源基因库"。

南迦巴瓦半程山地马拉松赛

Name　雅鲁藏布大峡谷自然保护区　Yarlung Tsangpo Canyon Natural Reserve

9620平方千米　东经95°，北纬29°　2000年

**南迦巴瓦峰**位于喜马拉雅山脉东端，海拔7782米，被中国科学家评为"世界最美山峰"。南迦巴瓦峰曾称那木卓巴尔山，藏语意为"天上掉下来的石头"，有"众山之父"之称。南迦巴瓦峰位于雅鲁藏布江大拐弯的南侧，隔江与加拉白垒峰相望，由深变质岩系组成，为更新世以后强烈隆升形成的断块峰，山峰似利剑入云，峰顶终年积雪，云雾缭绕。南迦巴瓦峰地震、山崩、雪崩、泥石流频繁，河流切割强烈。1950年，这里发生了8.8级大地震，雅鲁藏布江因此曾被堵断流。南迦巴瓦峰有数十条冰川，降水丰富，具有完整的山地垂直植被带。

**不可不知**

雅鲁藏布大峡谷自然保护区生态环境独特，以高、壮、深、润、幽、长、险、低、奇、秀著称，以保护山地森林生态系统及生物多样性资源为主。整个峡谷冰川、绝壁、陡坡、泥石流、巨浪滔天的大河与各类生物等交错在一起，环境恶劣而险峻，被称为**"地球上最后的秘境"**。

藏族漂流队

● 草湖位于保护区东北部的无人区，是雪山下的季节性湿地湖泊，具有壮丽的垂直复合景观。草湖之北有咆哮涌动的帕隆藏布及其河谷；草湖之南是海拔4500米的阿丁纳渣山，山上有巨大的季节性海洋冰川，冰川之下分布着郁葱苍翠的林芝云杉和冷杉林；雪山融水和森林中流下的雨水汇成溪流，形成山间湖后流入草湖河谷。草湖堪称雅鲁藏布大峡谷区域景观与生物资源的缩影。

● 帕隆藏布是雅鲁藏布江水量最大的支流，全长266千米，流域面积28631平方千米。帕隆藏布穿行于崇山峻岭之间，是一条典型的山区河流，水能资源丰富，流域自然条件优越，气候温暖湿润，农业发达。帕隆藏布在宽谷西侧泥石流活动频繁，曾被泥石流堵塞。帕隆藏布峡谷平均深度3555米，峡谷两侧原始森林密布，景观壮丽。

帕隆藏布峡谷

● 墨脱县位于喜马拉雅山东端，"墨脱"在藏语里为"花朵"之意。这里是西藏植物多样性程度最高的地区，集中了热带到寒带绝大部分的植被类型。从热带季雨林、常绿阔叶林，到针阔叶混交林、暗针叶林，再到高山灌丛、草甸和流石滩，对生境喜好不同的各类植物都能在这里找到安居之所。墨脱是雅鲁藏布大峡谷水汽通道的入口，降水极其丰富，年平均降雨200天，雨季时常有山洪、泥石流等发生。这里有近3000种高等植物，以"墨脱"命名的植物有40多种。

墨脱秋色

● 保护区内原始森林茂密，是藏羚牛、藏羚羊、虎、小熊猫、猞猁、麂子、盘羊、白猴等野生动物的家园，其中有国家重点保护动物40多种。喜山鬣蜥是生活在峡谷中的珍稀爬行动物，体长约10厘米，尾长约15厘米，常栖居于山间岩缝及乱石间，善攀缘，主要捕食昆虫，有时也取食野草及花瓣。

# 珠穆朗玛峰自然保护区

珠穆朗玛峰自然保护区是中国高山生态环境自然保护区，坐落在珠峰北坡，位于中国西藏自治区的定日县、聂拉木县、吉隆县、定结县。保护区建于1988年，1994年被批准为国家级自然保护区，以保护极高山生态系统、山地森林生态系统、灌丛草原生态系统及生物多样性为主，同时保护当地藏民族历史文化遗产等。保护区内有珠峰、洛子峰、章子峰、卓奥友峰等著名山峰，以及珠峰大本营和吉隆沟、陈塘沟等5条沟。保护区分为核心保护区、缓冲区和开发区，地势北高南低，地形地貌复杂多样，平均海拔4200米，最低处海拔1433米，相对高差7000米以上，形成了独特的立体气候，呈现出"山顶四季雪，山下四季春，一山分四季，十里不同天"的独特景观。随地势和气候变化，保护区内的植物生长呈垂直带谱分布，从低到高依次为山地亚热带常绿半常绿阔叶林、山地暖温带常绿针叶林和硬叶常绿阔叶林、亚高山寒带常绿针叶林和落叶阔叶林及灌丛、高山寒带冰原草甸系统。保护区有2000多种高等植物，其中长叶云杉和西藏长叶松是中国仅见于此的珍贵树种。这里有各种哺乳动物、爬行动物、两栖动物、鸟类、鱼类等，其中有许多是国家一级保护动物和二级保护动物。这里还发现了大量热带植物化石和三趾马动物群化石，是研究青藏高原隆升、探索自然奥秘的理想之地。

吉隆沟

**黑颈鹤**主要栖息于海拔2500～5000米的高原、草甸、沼泽等地，是世界上唯一在高原生长、繁殖的鹤，为国家一级保护动物。黑颈鹤是迁徙鸟类，每年春季迁到繁殖地，秋季到达越冬地，越冬时集群较大。迁徙途中的黑颈鹤可飞过珠峰，飞行高度达10000米。由于高原环境恶劣，幼鹤成活率低，黑颈鹤的种群数量极其稀少。如今，黑颈鹤的栖息地也在逐渐减少。

高原雪豹

Name 珠穆朗玛峰自然保护区 Qomolangma National Nature Preserve

约3.4万平方千米 · 东经86°48′、北纬28°10′

## 不可不知

珠穆朗玛峰是全球登山爱好者争相挑战的雪山，每年有数万人参与登山活动。源源不断的登山者来到这里，留下了大量垃圾、登山设备、排泄物等，雪山脆弱的自然环境不堪重负。征服自然不如保护自然，**保护珠穆朗玛峰刻不容缓**。保护区于2018年开始有条件开放，要求登山者下山时携带8千克垃圾。

珠峰北坡大本营

● 珠峰攀登之路极其险峻，有时山路窄道仅能容一个人通过，为此常出现数十人或上百人排队等候攀登的情景。这里没有条件建造厕所，攀登者留下的大量排泄物让雪山变得污秽不堪。2018年春季，西藏登山管理部门曾进行了3次大规模垃圾清理，收集了8吨生活垃圾、登山垃圾、排泄物等。

● 珠峰不同于一般的山区，严寒气候使它的自然降解能力非常低，登山者留下的睡袋、氧气瓶及各种垃圾也许数年不会降解。焚烧垃圾会释放有害气体，对雪山环境造成再次破坏。

对登山垃圾进行分类

● 迄今为止，有数百人遇难而永远留在了雪山。如果死难者的队友想把其尸体带下山，最后很可能自己的性命也不保。由于全球变暖，珠峰冰川融化，越来越多的登山者尸体露了出来。

● 珠峰大本营位于珠峰脚下一条狭长的山坳里，是登山者专用的基地，为登山者和游客提供帐篷等。大本营是为了保护珠峰核心区环境而设立的保护地带，环保人员从雪山上及基地收集登山垃圾，在这里进行分类处理。

运送登山垃圾

## 谁在说

你好！我是郭耕，今年58岁。作为一名从事自然保护教育的科普工作者，我曾多次前往青藏高原进行考察，了解那里的动植物保护情况。青藏高原是中国著名的"生态源"，是世界上生物多样性最典型的地区之一，也是保障地球生物多样性的重要基因库。号称"世界第三极"的青藏高原栖息着许多珍稀而美丽的动物，在珠峰自然保护区，就生活着有"雪山隐士"之称的雪豹。雪豹处在青藏高原生态食物链的顶端，它们的生活质量能够集中展现出高原生态系统的整体状况，因此雪豹也被人们称为"高海拔生态系统健康与否的气压计"。近年来受人类活动和自然灾害的影响，雪豹处在濒危状态。雪豹种群数量的下降也威胁到了青藏高原的生态平衡。为了守护珠峰脚下的所有生灵，也为了维护青藏高原生态系统的稳定，雪豹需要我们共同保护。

# 萨加玛塔国家公园

萨加玛塔国家公园位于尼泊尔喜马拉雅山区，坐落在珠穆朗玛峰南麓，公园北部与中国珠峰自然保护区接壤。萨加玛塔国家公园有包括珠峰在内的7座山峰，除珠峰以外，其余6座山峰海拔均超过7000米，是世界最高的国家公园。萨加玛塔国家公园遍布形态各异的山脉、冰河和深谷，海拔从公园入口处的2845米一直上升到8844.43米，因其独特的地质地貌成为世界著名的攀登区和旅游胜地。公园内分布着3个植被带，较低的森林带由橡树、松树、桦树和杜鹃构成，高山中间带以矮小的杜鹃和刺柏丛林为主，高处则是苔藓和地衣的天下。植物尤以喜马拉雅雪松和尼泊尔国花杜鹃为代表，还有杜松、银桦等名贵植物。这里栖息着雪豹、小熊猫等珍稀动物，约有120种鸟类和30种蝴蝶，是一座名副其实的地球生物宝库。公园内居住着夏尔巴人，他们常年生活在山区，不杀生，体力充沛，能在高原负重行走。1979年，萨加玛塔国家公园作为自然遗产被列入《世界遗产名录》。

小熊猫

萨加玛塔在尼泊尔语中有"摩天岭"或"世界之顶"之意，是尼泊尔人对珠峰的称谓。舍帕斯部落及其独特的文化为萨加玛塔国家公园增添了魅力。夏尔巴的民族文化特色，如方言、庆典、民歌和民族舞蹈已经急剧衰落。尽管如此，夏尔巴人仍被认为拥有丰富文化，是人与环境之间相互影响的典范。公园内第一批旅店建于20世纪70年代，在距珠峰24千米、海拔3962米的香波其，建有世界上海拔最高的旅馆，非常适合欣赏喜马拉雅山区的绮丽风光。

Name 萨加玛塔国家公园 Sagarmatha National Park

▲ 8844.43米　👥 约6000人

📏 1.244万平方千米　🗣 夏尔巴人

⬛ 东经86°、北纬27°

清理垃圾

**不可不知**

"除了记忆，什么都不要留下"，是珠峰地区广为流传的一句口号。珠峰白雪皑皑，巍峨壮丽，现如今那里却覆盖着数量巨大的各种垃圾，被称为"世界上最高的垃圾场"。

● 自人类首次尝试登顶以来，大量登山废弃设备、剩余食品、遇难者的遗体等都被遗留在山峰各地，不同程度地对珠峰环境构成威胁。不断恶化的环境对人类发出警示，许多登山者开始注意控制自己的行为，"零遗留"逐渐成为一些登山队的行为准则。

● 1991年，萨加玛塔国家公园污染控制委员会（SPCC）成立，其责任是处理本地区海拔2600米至8000多米处的垃圾。另外，许多国家联合成立"珠穆朗玛峰清扫运动及垃圾管理计划"组织，主要清理各高峰大本营之上的垃圾，仅2011年就清理了超过8吨的垃圾。

● 纳姆切巴扎基地海拔近4000米，是萨加玛塔国家公园的垃圾焚烧站。登山者和清扫人员会将从普莫里峰营地等各处收集的垃圾打包，送到垃圾焚烧站统一处理。

普莫里峰营地垃圾遍地

清扫人员收集到的气罐

# 汉语拼音音序索引

# 中国儿童地图百科全书　地球三极探险

## 编辑委员会

| | |
|---|---|
| 顾　　问 | 秦大河 |
| 主　　任 | 高登义 |
| 编　　委<br>（以姓氏笔画为序） | 尹传红　朱菱艳　刘金双<br>李栓科　位梦华　张宝军<br>姚檀栋　秦大河　高登义<br>郭　耕　效存德 |
| 执行主编 | 朱菱艳 |
| 文字撰稿<br>（以姓氏笔画为序） | 刘　丽　杨文利　张江齐<br>林定洋　林定炆　罗　申<br>金　雷　姜　湾 |
| 图片提供 | 效存德　位梦华　高登义<br>金　雷　李　航　张江援<br>张江齐　罗　申　刘　丽<br>林定洋　林定炆　孙倩倩<br>新华通讯社　全景视觉<br>美国国家航空航天局<br>Unsplash<br>Pxhere |
| 视频提供 | 北京大陆桥文化传媒 |
| 地图绘制 | 蒋和平　郑若琪 |

## 主要编辑出版人员

| | |
|---|---|
| 社　　长 | 刘国辉 |
| 责任编辑 | 海艳娟 |
| 编　　辑 | 王　艳　陈莎日娜<br>郑若琪　张紫微 |
| 特约审稿 | 王伟财　王昱珩　李林柱<br>朱菱艳　张江齐　张江援<br>张宝军　金　雷 |
| 版式设计 | 郑若琪　张紫微　张倩倩 |
| 封面设计 | 参天树设计 TOP TREE DESIGN |
| 责任印制 | 邹景峰 |
| 致　　谢 | 中国登山队<br>中国科学探险协会 |